元素記号の下の( )内の数字はもっとも長い半減期をも...

10	11	12	13	14	15	16	17	18
								$_2$He 4.003 ヘリウム
			$_5$B* 10.81 ホウ素	$_6$C 12.01 炭素	$_7$N 14.01 窒素	$_8$O 16.00 酸素	$_9$F 19.00 フッ素	$_{10}$Ne 20.18 ネオン
			$_{13}$Al* 26.98 アルミニウム	$_{14}$Si* 28.09 ケイ素	$_{15}$P 30.97 リン	$_{16}$S 32.07 硫黄	$_{17}$Cl 35.45 塩素	$_{18}$Ar 39.95 アルゴン
$_{28}$Ni 58.69 ニッケル	$_{29}$Cu 63.55 銅	$_{30}$Zn 65.38 亜鉛	$_{31}$Ga* 69.72 ガリウム	$_{32}$Ge* 72.64 ゲルマニウム	$_{33}$As* 74.92 ヒ素	$_{34}$Se 78.96 セレン	$_{35}$Br 79.90 臭素	$_{36}$Kr 83.80 クリプトン
$_{46}$Pd 106.4 パラジウム	$_{47}$Ag 107.9 銀	$_{48}$Cd 112.4 カドミウム	$_{49}$In 114.8 インジウム	$_{50}$Sn* 118.7 スズ	$_{51}$Sb* 121.8 アンチモン	$_{52}$Te* 127.6 テルル	$_{53}$I 126.9 ヨウ素	$_{54}$Xe 131.3 キセノン
$_{78}$Pt 195.1 白金	$_{79}$Au 197.0 金	$_{80}$Hg 200.6 水銀	$_{81}$Tl 204.4 タリウム	$_{82}$Pb* 207.2 鉛	$_{83}$Bi* 209.0 ビスマス	$_{84}$Po (210) ポロニウム	$_{85}$At (210) アスタチン	$_{86}$Rn (222) ラドン
$_{110}$Ds (281) ダームスタチウム	$_{111}$Rg (280) レントゲニウム	$_{112}$Cn コペルニシウム						

17族: ハロゲン　18族: 希ガス

□:非金属の典型元素　□:金属の遷移元素　■:金属の典型元素
*:両性の元素

単体が常温で固体の元素は元素記号を Sc のように黒の立体，液体は Hg と Br のみで網掛け，気体は He のように白ヌキ文字で示した．

| $_{64}$Gd 157.3 ガドリニウム | $_{65}$Tb 158.9 テルビウム | $_{66}$Dy 162.5 ジスプロシウム | $_{67}$Ho 164.9 ホルミウム | $_{68}$Er 167.3 エルビウム | $_{69}$Tm 168.9 ツリウム | $_{70}$Yb 173.1 イッテルビウム | $_{71}$Lu 175.0 ルテチウム |
| $_{96}$Cm (247) キュリウム | $_{97}$Bk (247) バークリウム | $_{98}$Cf (252) カリホルニウム | $_{99}$Es (252) アインスタイニウム | $_{100}$Fm (257) フェルミウム | $_{101}$Md (258) メンデレビウム | $_{102}$No (259) ノーベリウム | $_{103}$Lr (262) ローレンシウム |

理系学生の 基礎化学

姫野貞之
内野隆司
共著

学術図書出版社

まえがき

　化学は，化合物（物質）の構造，性質および変化（反応）を研究する自然科学の一分野である．化合物は，有機化合物と無機化合物に大別され，炭酸塩や炭素の酸化物などを除く炭素化合物を総称して有機化合物，それ以外を無機化合物と呼んでいる．有機化合物を構成する元素は，炭素，酸素，水素，窒素，硫黄など少数であるのに対し，無機化合物を構成する元素の種類は多く，結合形態や化学的性質も多様である．本書では，原子の構造と電子配置，元素の性質と周期性，化学結合と化合物の構造と性質，反応熱，化学平衡の原理と反応の進む方向，水相や気相の化学平衡および化学反応の速度など，有機化学を除くさまざまな分野の化学をわかりやすく解説している．

　本書は，理系学生を対象とする基礎化学の教科書として書かれたものである．大学の基礎化学の内容やレベルなどは，全国一律に確立されているわけではない．そのため，著者２人で議論を重ね，化学系の学生に対しては，無機化学，物理化学，分析化学などの専門科目の入門書となり，非化学系の学生に対しては，高校の化学から大学の化学への橋渡しとなるような教科書を目指すことにした．

　大学の化学は，高校までの記憶に頼る化学ではなく，化学反応の方向や化学平衡などを理論的に解明しようとしている．そのため，化学の教科書であるにもかかわらず，本書には数式が多いことに気づくだろう．一見すると，難解な印象を抱くかもしれないが，わかりやすく記述しているので十分理解していただけると思う．しかし，一部の公式は，公式としてそのまま用いている．それは，学生諸君が公式の導出に疲れ，化学の本質を見失うことを恐れたからである．

　その中でシュレディンガーの波動方程式は，具体的にその方程式の形や解の形を明示せず，その解が n, l, m の３つの量子数で表されることを記述するに留めた．その代わり，解のもつ意味，原子の電子配置，電子の性質を詳しく説明し，化合物の構造や性質が電子構造の観点から理解できるように配慮している．

　本文で説明しにくい箇所や，難解と思われる箇所には例題を数多く設け，それに対して詳しく解答するという形式にしている．学生諸君が自学してくれることを期待したい．また，本文では説明できない関連事項は欄外にまとめた．ある場合は本文理解の一助として，ある場合は息抜きとして活用してほしい．丁寧に記述したつもりだが，もし

わかりにくい箇所があれば，ご指摘あるいはご批判をいただければ幸いである．

終わりに，本書を上梓するにあたり多大なご尽力を頂いた学術図書出版社の発田孝夫氏に厚く御礼申し上げます．

2011 年 9 月

姫野貞之・内野隆司

もくじ

第1章 はじめに
1.1 国際単位 … 1
1.2 濃度 … 3
1.3 実在溶液 … 5
1.4 理想気体 … 6
1.5 実在気体 … 8
1.6 化学反応式 … 9
章末問題1 … 9

第2章 物質の成り立ち—元素と原子・分子
2.1 物質とは何か … 10
2.2 元素と原子 … 13
2.3 周期表 … 17
章末問題2 … 17

第3章 原子の構造と電子配置
3.1 電子とは何か … 19
3.2 水素原子の電子状態 … 21
3.3 多電子原子の電子状態 … 24
章末問題3 … 27

第4章 元素の性質とその周期性
4.1 原子半径 … 28
4.2 イオン半径 … 29
4.3 イオン化エネルギー … 30
4.4 電子親和力 … 32
4.5 電気陰性度 … 33
章末問題4 … 35

第5章 イオン結合と共有結合
5.1 イオン結合 … 36
5.2 共有結合 … 39
5.3 化学結合の極性と水素結合 … 43
章末問題5 … 44

第6章 分子構造と化学結合
6.1 化学結合とルイス構造 … 45
6.2 混成 … 47
6.3 分子の形状 … 50
章末問題6 … 53

第7章 配位化合物
7.1 錯体の構造と命名法 … 54
7.2 異性体 … 57
7.3 d金属錯体の電子構造 … 58
章末問題7 … 61

第8章 固体の構造と性質
8.1 金属の結晶構造 … 62
8.2 イオン結晶の結晶構造 … 65
8.3 固体の電気的性質 … 69
章末問題8 … 72

第9章 熱力学第1法則
9.1 系 … 73
9.2 仕事 … 73
9.3 熱力学第1法則 … 74
9.4 熱とエンタルピー … 75

9.5　モル熱容量 …………………… 76
9.6　単原子理想気体のモル熱容量 ……………… 76
9.7　理想気体の定温体積変化 ……………… 77
9.8　単原子理想気体の断熱体積変化 ………… 79
　　章末問題 9 …………………………… 80

第 10 章　熱化学—反応エンタルピー
10.1　反　応　熱 ………………………… 81
10.2　ヘスの法則 ………………………… 82
10.3　反応エンタルピーの温度変化 ………… 85
10.4　結合エンタルピー ………………… 87
　　章末問題 10 ………………………… 89

第 11 章　自発的変化の方向と平衡の条件
11.1　エントロピー ……………………… 90
11.2　熱力学第 2 法則 …………………… 92
11.3　エントロピー変化の計算 …………… 92
11.4　熱力学第 3 法則 …………………… 94
11.5　化学変化の方向と平衡の条件 ………… 96
11.6　クラウジウス-クラペイロン式 ……… 98
　　章末問題 11 ………………………… 100

第 12 章　気相化学平衡
12.1　均一気相反応の平衡定数 …………… 101
12.2　ルシャトリエの原理 ………………… 104
12.3　不均一系の化学平衡 ………………… 106
　　章末問題 12 ………………………… 107

第 13 章　酸塩基平衡
13.1　酸塩基の概念 ……………………… 108
13.2　酸解離定数と塩基解離定数 ………… 109
13.3　弱酸の水溶液 ……………………… 110
13.4　弱塩基の水溶液 …………………… 112
13.5　塩の水溶液 ………………………… 113
13.6　緩　衝　液 ………………………… 115
　　章末問題 13 ………………………… 118

第 14 章　酸化還元平衡
14.1　電　　池 …………………………… 119
14.2　酸化還元平衡 ……………………… 124
14.3　標準電極電位とイオン化傾向 ……… 125
14.4　複数の酸化状態をとる元素 ………… 126
　　章末問題 14 ………………………… 127

第 15 章　化学反応の速度
15.1　化学反応の速度 …………………… 128
15.2　反応次数と反応速度定数 …………… 128
15.3　反応次数と化学量論係数 …………… 129
15.4　1 次反応 …………………………… 129
15.5　2 次反応 …………………………… 131
15.6　速度定数の温度変化 ………………… 131
15.7　触　　媒 …………………………… 132
15.8　化学反応の平衡定数と反応速度定数 …… 133
　　章末問題 15 ………………………… 134

付　録 ………………………………………… 135
章末問題の解答 ……………………………… 140
索　引 ………………………………………… 150

1 はじめに

　蘭学者宇田川榕庵は，江戸時代（1837年）にわが国最初の化学の教科書「舎密開宗（せいみかいそう）」を著したが，このときはオランダ語のChemie（化学）は「舎密」と訳されており，まだ「化学」とは呼ばれていなかった．はじめて「化学」という用語を用いたのは，幕府蕃書調所教授であった川本幸民である．

　化学は，物質を構成する原子や分子の性質をもとに，物質の構造，化学的性質および化学反応を研究する分野である．元素はわずか100種類程度であるのに比べ，物質の種類は5000万を超える．したがって，物質を原子や分子レベルで理解しなければ，その本質に迫ることができないし，また，人類に有用な物質を設計し，合成することができない．本章では，大学で化学を学ぶために必要な基本的事項を学ぶ．

1.1 国際単位

1.1.1 基本物理量

　1960年の第11回国際度量衡総会（CGPM）で**国際単位系**（the International System of Units：SI単位）が定められ，現在，世界各国で広く用いられている．これらは，長さ（l），質量（m），時間（t），電流（I），熱力学温度（T），物質量（n）および光度（I_V）の7個の基本物理量とSI基本単位で構成されている．7個の基本物理量に対応するSI基本単位の名称はメートル（m），キログラム（kg），秒（s），アンペア（A），ケルビン（K），モル（mol），カンデラ（cd）である．カッコ内は，それぞれのSI単位記号である．アンペアとケルビンの単位記号が大文字であるのは，それが人名に由来するためである．時間の単位は秒（second）であるが，分（minute），時間（hour），日（day），年（year）などの単位も使用が認められている．

　物理量の記号はイタリック体（斜体），単位記号はローマン体を用いる．たとえば，長さの記号はl，単位記号はmであり，質量の記号はm，単位記号はkgである．基本物理量，SI基本単位の名称およびその記号を表1.1に示す．

表 1.1　SI 基本単位の名称と記号

物理量	物理量の記号	SI 単位の名称	SI 単位記号
長さ	l	メートル	m
質量	m	キログラム	kg
時間	t	秒	s
電流	I	アンペア	A
熱力学温度	T	ケルビン	K
物質量	n	モル	mol
光度	I_V	カンデラ	cd

1.1.2　組立物理量

他の物理量は，組立物理量と呼ばれ，基本物理量の積や商で表された次元をもつ．組立物理量の名称と記号を表 1.2 に示す．たとえば，力の名称はニュートンであり，その SI 単位記号は N である．N の次元を基本物理量で表現すると

$$\text{力（N）の次元} = \text{長さ} \times \text{質量} \times \text{時間}^{-2} \quad (\text{N} = \text{m kg s}^{-2}) \quad (1.1)$$

圧力の名称はパスカルであり，その SI 単位記号は Pa である．圧力は，単位面積あたりに働く力だから

$$\text{圧力（Pa）の次元} = \text{力／単位面積} \quad (\text{N m}^{-2} = \text{m}^{-1}\,\text{kg s}^{-2}) \quad (1.2)$$

表 1.3 の SI 接頭語を用いて，SI 単位の 10 の整数乗倍を表すことができる．たとえば，光の波長を 5.15×10^{-7} m などと書かず，1 nm

表 1.2　SI 組立物理量の名称と単位

組立物理量	SI 単位の名称	SI 単位記号	
力	ニュートン	N	m kg s^{-2}
圧力	パスカル	Pa	m^{-1} kg s^{-2} (= N m^{-2})
エネルギー	ジュール	J	m^2 kg s^{-2} (= N m)
電荷	クーロン	C	A s
電圧	ボルト	V	m^2 kg s^{-3} A^{-1} (= J C^{-1})
面積			m^2
体積			m^3
速さ			m s^{-1}
モル濃度			mol m^{-3}

表 1.3　SI 接頭語

10^{15}	ペタ	peta	P	10^{-15}	フェムト	femto	f
10^{12}	テラ	tera	T	10^{-12}	ピコ	pico	p
10^{9}	ギガ	giga	G	10^{-9}	ナノ	nano	n
10^{6}	メガ	mega	M	10^{-6}	マイクロ	micro	μ
10^{3}	キロ	kilo	k	10^{-3}	ミリ	milli	m
10^{2}	ヘクト	hecto	h	10^{-2}	センチ	centi	c
10^{1}	デカ	deca	da	10^{-1}	デシ	desi	d

（ナノメートル）＝ 1×10^{-9} m を用いて 515 nm と書く．波長 1.54×10^{-10} m の X 線の場合，1 pm（ピコメートル）＝ 1×10^{-12} m だから 154 pm と書けば指数で表記するわずらわしさがない．

1.2 濃　　度

化学にとってもっとも重要な基本物理量は**物質量**（amount of substance）であろう．すでに述べたように，物質量の SI 単位の名称は**モル**（mole）であり，mol という SI 単位記号を用いる．モルは，質量数 12 の炭素原子（^{12}C）12 g 中に存在する原子の数（アボガドロ定数，$N_A = 6.022\times 10^{23}$）と等しい数の構成粒子（原子，分子，イオン，電子など）を含む系の物質量である．物質量を示す記号として，n が推奨されている．たとえば，Na の物質量が 0.10 mol のとき，$n(\mathrm{Na}) = 0.10$ mol と書く．

例題 1.1　10.0 g の Na の物質量を求めなさい．また，このなかに含まれる Na 原子の数を求めなさい．

解答　Na の原子量は 22.99 であるから

$$n(\mathrm{Na}) = \frac{10.0 \text{ g}}{22.99 \text{ g mol}^{-1}} = 0.435 \text{ mol}$$

Na 原子の数 ＝ $(0.435 \text{ mol})\times(6.02\times 10^{23} \text{ mol}^{-1}) = 2.62\times 10^{23}$

単体（Cu, Zn, O_2 など）や化合物（H_2O, CH_3COOH, AgCl など）のように単一の成分からなる物質を**純物質**（pure substance）という．それに対して，2 種類以上の純物質が混ざり合っている物質を**混合物**（mixture），液体状態にある均一な混合物を**溶液**（solution）という．このとき溶かしている液体を**溶媒**（solvent），溶けている物質を**溶質**（solute）と呼んでいる．溶液の組成は，モル濃度（容量モル濃度），質量モル濃度，モル分率，質量パーセント濃度などで表される．

1.2.1 モル濃度（C）

モル濃度（molarity）は，溶液 1 dm^3 に溶けている溶質の物質量として定義される．

$$\text{モル濃度}(C) = \frac{n \text{ [mol]}}{\text{溶液の体積 [dm}^3\text{]}} \text{ [mol dm}^{-3}\text{]} \quad (1.3)$$

dm^3（立方デシメートル）は 1 辺が 1 dm（＝ 0.1 m ＝ 10 cm）の立方体の体積，すなわち，1 dm^3 ＝ 1000 cm^3 である．1964 年の国際度量衡総会で，1 リットル（L）は 1 dm^3 の特別の名称であると定義され，その使用が認められているが，本書では用いていない．

モル濃度の単位は mol dm^{-3} を基本とするが，簡略化して M（≡

mol dm^{-3}）という単位記号を用いることが多い．また，かぎ括弧［　］は，要素粒子のモル濃度を表す．たとえば，0.10 M の KCl のモル濃度 C(KCl) = 0.10 M，[K$^+$] = 0.10 M などと書く（第 13 章参照）．

1.2.2　質量モル濃度（m）

質量モル濃度（molality）は，溶媒 1 kg に溶けている溶質の物質量として定義される．

$$\text{質量モル濃度}(m) = \frac{n\,[\text{mol}]}{\text{溶媒の質量}\,[\text{kg}]}\,[\text{mol kg}^{-1}] \quad (1.4)$$

質量モル濃度は温度と無関係に定義されるので，溶液の沸点上昇や凝固点降下などの計算に用いられる．

1.2.3　モル分率（x）

モル分率（mole fraction）は，ある成分の物質量の全物質量に対する比で定義される．成分 A と成分 B の 2 成分系において，成分 A のモル分率は次式で与えられる．

$$\text{モル分率}(x_A) = \frac{n_A}{n_A + n_B} \quad (1.5)$$

n_A，n_B はそれぞれ成分 A，成分 B の物質量である．x_A は成分 A のモル分率であり，成分 B のモル分率を x_B とすると，$x_A + x_B = 1$ である．

例題 1.2　25 ℃ で 20.0 g のエタノール（EtOH）と 80.0 g の純水を混合した溶液がある．この溶液の（a）モル分率，（b）質量モル濃度および（c）モル濃度を求めなさい．ただし，この溶液の密度 d = 0.966 g cm^{-3} である．

1)　物質 1 mol の質量をモル質量という．SI 単位では kg mol^{-1} であるが，通常 g mol^{-1} が用いられる．

解答　エタノールのモル質量[1]は 46.07 g mol^{-1} だから，20.0 g のエタノールの物質量 n(EtOH) は

$$n(\text{EtOH}) = \frac{20.0\,\text{g}}{46.07\,\text{g mol}^{-1}} = 0.434\,\text{mol}$$

水のモル質量は 18.02 g mol^{-1} だから，80.0 g の純水の物質量 n(H$_2$O) は

$$n(\text{H}_2\text{O}) = \frac{80.0\,\text{g}}{18.02\,\text{g mol}^{-1}} = 4.44\,\text{mol}$$

（a）エタノールのモル分率 x(EtOH) は

$$x(\text{EtOH}) = \frac{n(\text{EtOH})}{n(\text{EtOH}) + n(\text{H}_2\text{O})} = \frac{0.434\,\text{mol}}{(0.434\,\text{mol}) + (4.44\,\text{mol})}$$
$$= 0.0890$$

（b）エタノールの質量モル濃度 m(EtOH) は，溶媒である水の質量 80.0 g だから

$$m(\text{EtOH}) = \frac{0.434\,\text{mol}}{0.0800\,\text{kg}} = 5.43\,\text{mol kg}^{-1}$$

(c) 混合溶液の体積 V は
$$V = \frac{(20.0\text{ g}) + (80.0\text{ g})}{0.966\text{ g cm}^{-3}} = 104\text{ cm}^3 = 0.104\text{ dm}^3$$
だから，エタノールのモル濃度 $C(\text{EtOH})$ は
$$C(\text{EtOH}) = \frac{n(\text{EtOH})}{V} = \frac{0.434\text{ mol}}{0.104\text{ dm}^3} = 4.17\text{ mol dm}^{-3} = 4.17\text{ M}$$

1.2.4　質量パーセント濃度

溶液 100 g 中の溶質の質量［g］をパーセント［％］で表す．つまり，

$$\text{質量パーセント濃度} = \frac{\text{溶質の質量[g]}}{\text{溶液の質量[g]}} \times 100\text{ [\%]}$$

$$= \frac{\text{溶質の質量[g]}}{\text{溶媒の質量[g]} + \text{溶質の質量[g]}} \times 100\text{ [\%]} \tag{1.6}$$

である．

例題 1.3　30.0 質量％の塩酸水溶液（密度 1.15 g cm^{-3}）の塩酸のモル濃度を求めなさい．

解答　塩酸水溶液 1.00 dm^3 の質量は 1150 g，HCl のモル質量は 36.5 g mol^{-1} だから，30.0 質量％のモル濃度は

$$C(\text{HCl}) = \frac{(1150\text{ g dm}^{-3}) \times 0.300}{36.5\text{ g mol}^{-1}} = 9.45\text{ mol dm}^{-3} = 9.45\text{ M}$$

1.2.5　その他の濃度表示

溶質が微量濃度のとき，ppm (parts per million)，ppb (parts per billion)，ppt (parts per trillion) などが用いられる．1 ppm は 100 万分の 1 (10^{-6})，1 ppb は 10 億分の 1 (10^{-9})，1 ppt は 1 兆分の 1 (10^{-12}) を意味している．したがって，溶液の質量 1 kg あたりでは

$$\text{ppm} = \frac{\text{溶質の質量[mg]}}{\text{溶液の質量[kg]}} \tag{1.7}$$

$$\text{ppb} = \frac{\text{溶質の質量[μg]}}{\text{溶液の質量[kg]}} \tag{1.8}$$

$$\text{ppt} = \frac{\text{溶質の質量[ng]}}{\text{溶液の質量[kg]}} \tag{1.9}$$

である．たとえば，1 kg の溶液中に 5 mg の溶質が溶けていれば 5 ppm，5 μg であれば 5 ppb，5 ng であれば 5 ppt となる．

1.3　実在溶液

理想溶液では，全濃度範囲で化学平衡などを濃度で表すことができる．それに対して，実在溶液では，溶質の濃度が高くなるにつれて，濃度分の働きをしなくなり「ずれ」が生じるようになる．それは溶質

や溶媒の間の相互作用のためであり，それを補正するために導入された実効的な濃度が活量（activity）である．溶媒の活量および溶質の活量は，濃度に活量係数（activity coefficient）と呼ばれる補正係数を掛けたものである．

ここで大事なことは，溶質が希薄濃度のとき，実在溶液も理想溶液の性質を示すということである．

(1) 溶媒について

溶媒 A の活量を a_A，活量係数を γ_A とすると

$$a_A = \gamma_A x_A = \gamma_A \frac{n_A}{n_A + n_B} \tag{1.10}$$

溶質 B が希薄濃度（$n_B \to 0$）のとき，理想溶液とみなせるので補正係数 $\gamma_A = 1$，すなわち $a_A = x_A$ である．このとき $x_A = 1$ だから，純溶媒（純物質）の活量 $a_A = 1$ となる（14.1節参照）．

(2) 溶質について

溶質 B の活量を a_B，活量係数を γ_B とすると

$$a_B = \gamma_B x_B = \gamma_B \frac{n_B}{n_A + n_B} \tag{1.11}$$

溶質 B が希薄濃度のとき，理想溶液とみなせるので補正係数 $\gamma_B = 1$，すなわち $a_B = x_B$ となる．モル濃度で表すと $a_B = [B]$ であり，低濃度領域では溶質の活量は，モル濃度に等しい．濃度が濃くなると $\gamma_B < 1$ になるので，溶質の活量はモル濃度よりも小さい値になる．

第13章および第14章では低濃度の溶質を取り扱うので，モル濃度を用いて計算している．

1.4 理想気体

1.4.1 理想気体の状態方程式

分子の大きさが無限に小さく[2]，分子間に相互作用（斥力や引力）がない仮想的な気体を理想気体（ideal gas）という．

n モルの理想気体に対して次式が成立する．

$$PV = nRT \tag{1.12}$$

これを理想気体の状態方程式（ideal gas equation）という．R は気体定数（gas constant）と呼ばれる比例定数である．

気体分子の運動を並進運動（translational motion）という．1 mol の理想気体の平均の並進運動エネルギー E は気体の絶対温度 T[3] に比例することが知られている．

$$E = \frac{3}{2}RT \tag{1.13}$$

---

[2] 1 mol のアルゴン自身の体積を考えてみよう．表4.1より，アルゴンの半径は約 1.9×10^{-10} m だから，アルゴン原子1個の体積は約 2.9×10^{-29} m³ と見積もられる．したがって，1 mol のアルゴンの体積は，$(2.9 \times 10^{-29} \text{ m}^3) \times (6.0 \times 10^{23}) = 1.7 \times 10^{-5}$ m³ となる．これを1 mol の気体が 0 ℃，10^5 Pa（1 atm）において占める体積 22.4 dm³ と比べると，$\frac{1.7 \times 10^{-5} \text{m}^3}{22.4 \times 10^{-3} \text{m}^3} \times 100 = 0.08\%$ にすぎない．このように，気体原子や気体分子自身の体積は無視できるほど小さい．

[3] 温度 T を絶対温度という．ケルビン（Kelvin）が1848年に導入したので，ケルビン温度とも呼ばれている．絶対温度の単位は K である．セルシウス（Celsius）温度は，1 atm における水の凝固点を 0 ℃，沸点を 100 ℃ として目盛られている．1968年の国際度量衡総会で，温度の基準として水の三重点の温度（水，氷，水蒸気の3相が同時に平衡状態にある温度）が 273.16 K と定義された．それによると，セルシウス温度の 0 ℃ は 273.15 K である．

例題 1.4 1 mol の理想気体は，標準状態[4] $[1.013\times10^5\,\text{Pa}\,(1\,\text{atm})$[5]，0 ℃] で 22.4 dm³ の体積を占める．気体定数 R の値を求めなさい．

解答 (1.12)式より

$$R = \frac{(1.013\times10^5\,\text{Pa})\times(22.4\times10^{-3}\,\text{m}^3)}{(1\,\text{mol})\times(273.15\,\text{K})}$$
$$= 8.31\,\text{Pa m}^3\,\text{K}^{-1}\,\text{mol}^{-1} = 8.31\,\text{J K}^{-1}\,\text{mol}^{-1}$$

（表 1.2「SI 組立物理量の名称と単位」参照）

1.4.2 混合理想気体（ドルトンの分圧の法則）

2種類以上の理想気体が混合している気体を混合理想気体という．理想気体の状態方程式は，混合理想気体にも適用することができる．

体積 V の容器に N 種の理想気体が入っているとき，全物質量 n はそれぞれの物質量の和だから

$$n = n_1 + n_2 + \cdots + n_N \tag{1.14}$$

となる．理想気体の大きさは無限に小さく，分子間に相互作用がないので，それぞれの気体が単独で全体積 V を占めると考えることができる．このとき気体 i の示す圧力 p_i を**分圧**（partial pressure）という．

理想気体の状態方程式より

$$p_i V = n_i RT \tag{1.15}$$

だから，N 種の理想気体では

$$(p_1 + p_2 + \cdots + p_N)V = (n_1 + n_2 + \cdots + n_N)RT = nRT \tag{1.16}$$

P を混合気体の全圧とすると

$$P = p_1 + p_2 + \cdots + p_N \tag{1.17}$$

となる．すなわち，混合気体の全圧は，それぞれの気体分子が全体積を占めるときの分圧の和に等しい．これを**ドルトンの分圧の法則**（Dalton's law of partial pressure）という．

ここで全圧 P と分圧 p_i の関係を考えよう．(1.12)式および(1.15)式より

$$\frac{p_i}{P} = \frac{n_i}{n} = x_i \tag{1.18}$$

ここで x_i は気体 i のモル分率である．すなわち，**分圧 p は圧力で表した気体の物質量**である．

例題 1.5 温度 300 K，体積 10.0 dm³ の容器に 1.00 mol のヘリウムと 2.00 mol のアルゴンの混合気体が入っている．全圧 P を求めなさい．

解答 (1.16)式より，$PV = (n_1 + n_2)RT$ だから

$$P = \frac{(n_1 + n_2)RT}{V}$$
$$= \frac{\{(1.00\,\text{mol}) + (2.00\,\text{mol})\}\times(8.31\,\text{Pa m}^3\,\text{K}^{-1}\,\text{mol}^{-1})\times(300\,\text{K})}{10.0\times10^{-3}\,\text{m}^3}$$
$$= 7.48\times10^5\,\text{Pa}$$

---

4) 国際・純正応用化学連合（IUPAC）は，1982 年に 10^5 Pa（1 atm）を標準気圧と定義しているが，標準状態の温度には定義がない．第 9 章以降では標準状態の温度を 25 ℃ としている．

5) 地球の周囲を大気が取り囲んでいる．しかし，大気圧および真空の概念が認められるまでには，長い道のりが必要であった．トリチェリ（Torricelli）は，一方を閉じたガラス管に水銀を詰め，水銀を満たした容器に逆に立てたところ，水銀は下から 760 mm の高さで止まり上端部に空所ができることを 1643 年に見出した．トリチェリは，この現象を大気の重さ（圧力）で水銀が押し上げられたためであると説明した．しかし，上端部に真空ができるとするこの説は当時受け入れられなかったのである．その後，パスカル（Pascal）は水銀柱の高さが大気圧に比例することを見出し，ガラス管上端部の空所はトリチェリの真空と呼ばれるようになった．

ゲーリケ（Guericke）は，大気圧の大きさを調べるために，2つの金属製の半球を合わせた球の内部を真空ポンプで引き，馬で引き離す実験を行った．この実験は，1657 年にマグデブルグ市で行われたので，マグデブルグの半球実験と呼ばれている．直径約 30 cm の小さな金属球であるにもかかわらず，16 頭の馬でも引き離すのは困難であった．

標準大気圧（1 atm）は，0 ℃ の水銀柱 76.00 cm が 1 cm² の面積に及ぼす力だから，

1 atm =「水銀の質量」×「重力加速度」/面積
$= (76.00\,\text{cm}^3)\times(13.595\,\text{g cm}^{-3})\times(980.67\,\text{cm s}^{-2})/\text{cm}^2$
$= 1.013\times10^5\,\text{m}^{-1}\,\text{kg s}^{-2}$
$= 1.013\times10^5\,\text{N m}^{-2}$
$= 1.013\times10^5\,\text{Pa}$

1.5 実在気体

実在気体の状態方程式は，分子間に引力が働くことおよび分子がある大きさをもつことを考慮して，理想気体の状態方程式を修正したものである．1873年に提出された**ファンデルワールス（van der Waals）の状態方程式**がもっとも有名である．

n mol の実在気体に対して

$$\left(P + \frac{an^2}{V^2}\right)(V - bn) = nRT \tag{1.19}$$

ここで a, b は各気体に固有の定数であり，ファンデルワールス定数と呼ばれている．

1.5.1 分子間引力の補正

気体の圧力は，容器の壁に衝突する頻度と衝突の力で決まる．実在気体では分子間に引力が働くため，実測される圧力は理想気体で予測される値よりも低い．壁に衝突する分子の数は，単位体積中の分子の数 $\left(\frac{n}{V}\right)$ に比例し，分子1個あたりに働く引力も分子の数 $\left(\frac{n}{V}\right)$ に比例するので，補正項は $a\left(\frac{n}{V}\right)^2$ となる．ここで，a は分子間引力の目安となる比例定数である．

1.5.2 分子の大きさの補正

実在気体は大きさをもつので，分子自身が占める全体積を bn とすると，$V - bn$ は分子が自由に運動できる体積である．b を排除体積という．

いくつかの気体のファンデルワールス定数を表1.4に示す．ヘリウムや水素は a の値が小さく，分子間力が弱いことがわかる．逆に液化しやすい CO_2，H_2O など気体は a の値が大きい．

気体の圧力が低くなると（低濃度になると），$a\left(\frac{n}{V}\right)^2$ は 0 に近づく．同時に $V \gg bn$ になるから，実在気体も理想気体の状態方程式

表1.4 ファンデルワールス定数

気体	a(Pa m^6 mol^{-2})	b(dm^3 mol^{-1})
He	0.0034	0.0238
H$_2$	0.0245	0.0267
N$_2$	0.135	0.0386
O$_2$	0.136	0.0319
CH$_4$	0.226	0.0430
CO$_2$	0.360	0.0428
H$_2$O	0.546	0.0330

に従うようになる．実在溶液も低濃度では理想溶液の性質を示すので（1.3節），低濃度領域における理想的振る舞いは，気体および液体に共通の性質と考えることができる．

1.6 化学反応式

炭素を燃焼させると二酸化炭素が生じる．このようにある物質から他の物質が生じる変化を**化学反応**（chemical reaction）という．反応物と生成物の化学式を用いて化学反応を表した式を**化学反応式**（chemical reaction formula）と呼び，反応物と生成物は次の記号で結びつけられる．

反応物から生成物への正反応：
$$N_2 + 3H_2 \longrightarrow 2NH_3 \tag{1.20}$$

生成物から反応物への逆反応：
$$N_2 + 3H_2 \longleftarrow 2NH_3 \tag{1.21}$$

正逆どちらの方向にも進む反応：
$$N_2 + 3H_2 \rightleftarrows 2NH_3 \tag{1.22}$$

化学反応が平衡状態にあるときは，次の記号で表される．
$$N_2 + 3H_2 \rightleftharpoons 2NH_3 \tag{1.23}$$

化学反応式の係数を**化学量論係数**（stoichiometric coefficient）と呼び，反応に関与する物質の量的関係を示している．次のようなイオンの反応では
$$6Fe^{2+} + Cr_2O_7^{2-} + 14H^+ \rightleftharpoons 6Fe^{3+} + 2Cr^{3+} + 7H_2O \tag{1.24}$$
両辺の元素の数だけでなく，両辺の電荷の総和が等しくなるようにつける．

章末問題 1

1. Na の原子量は 22.99 である．Na 原子 1 個の質量を求めなさい．
2. メタンのモル質量は $16.0\,\mathrm{g\,mol^{-1}}$ である．標準状態で体積 $6.72\,\mathrm{dm^3}$ のメタンの質量を求めなさい．
3. $0.10\,\mathrm{M}\,Cu^{2+}$ 水溶液を $250\,\mathrm{cm^3}$ つくるのに必要な $CuSO_4 \cdot 5H_2O$ の質量を求めなさい．
4. $0.100\,\mathrm{M}$ 塩化カリウム水溶液 $500\,\mathrm{cm^3}$ に含まれる塩化カリウムの質量を求めなさい．
5. 60.0 質量%の硝酸水溶液（密度 $1.36\,\mathrm{g\,cm^{-3}}$）の硝酸の（a）モル濃度，（b）モル分率，および（c）質量モル濃度を求めなさい．
6. $0.50\,\mathrm{mol}$ の理想気体の体積が $300\,\mathrm{K}$ で $1.0\,\mathrm{dm^3}$ であった．圧力を求めなさい．
7. $1.0 \times 10^5\,\mathrm{Pa}$，$300\,\mathrm{K}$ においてヘリウムの体積が $10\,\mathrm{dm^3}$ であった．物質量を求めなさい．

2 物質の成り立ち
―元素と原子・分子

自然界には多種多様の物質が存在している．それぞれ，物質ごとに色，硬さ，密度などに違いが見られる．このような物質の性質の違いは何に由来するのであろうか．その起源を知るためには，物質を構成する原子，分子について知る必要がある．本章では，まず，物質とは何かについて考え，さらに，その物質の基本的な構成要素である元素と原子や分子について学ぶ．

2.1 物質とは何か
2.1.1 物体と物質

われわれの身のまわりにはさまざまな物体（physical object）が存在している．たとえば，机の上には鉛筆，ペン，パーソナルコンピューターなどがあり，また，いま目にしているこのテキストも本という物体である．そして，これら物体を構成している素材が物質（matter）である．たとえば，ガラスのコップの場合，コップが物体で，ガラスが物質となる．したがって，物質が同じでも異なる物体に加工することができる．たとえば，ガラス（物質）はコップ以外に花瓶，窓ガラス，ガラスファイバーなどの物体に加工される．このように，物体とは「もの」をその用途に応じて区別するためにつけられた名前であり，その性質を決定するものが物質であるといえる．

物質は，天然に存在するだけでなく，化学反応を制御することにより，人工的に合成されている．米国化学会の保有するデータベースには6200万件を上回る物質が登録されており[1]，近年では，平均して約3秒に1件の割合で，新物質が合成，単離されている．

図2.1に示すように，物質は混合物（mixturues）と純物質（pure substances）に大別される．混合物とは何種類もの純物質（単一の組成，成分からなる物質）が混合してできたものである．さらに混合物は，微視的組成の均一性の有無から，均一混合物（homogeneous mixtures）と不均一混合物（heterogeneous mixtures）[2]に分けられる．一方，純物質も単一の元素のみからなる単体[3]（elements）と複数の元素が化学的に結合することにより構成された化合物（compounds）に細分される．エタノール，デンプン，アミノ酸など炭化水素とその誘導体から構成される化合物を有機化合物（organic com-

---

1) 2011年9月現在の件数．データベースを管理しているケミカル・アブストラクツ・サービス（CAS）のホームページ（http://www.cas.org/）では，登録されている物質の総数がリアルタイムで表示されている．

2) 不均一混合物は遠心分離などの物理的な方法で成分を分離することが可能である．たとえば，牛乳をガラス容器に入れて強く振り続けると，脂肪分が分離してバターとなる．

3) 現実には，単体といっても100％単一の元素から構成されることはほとんどなく，微量の不純物を含む場合が多い．不純物を含んでいても融点や電気伝導度などの物性にほとんど影響を及ぼさなければその物質は単体とみなされる．

pounds），一方，それらを含まない酸素，二酸化炭素や塩化ナトリウムなどの化合物を無機化合物（inorganic compounds）という．

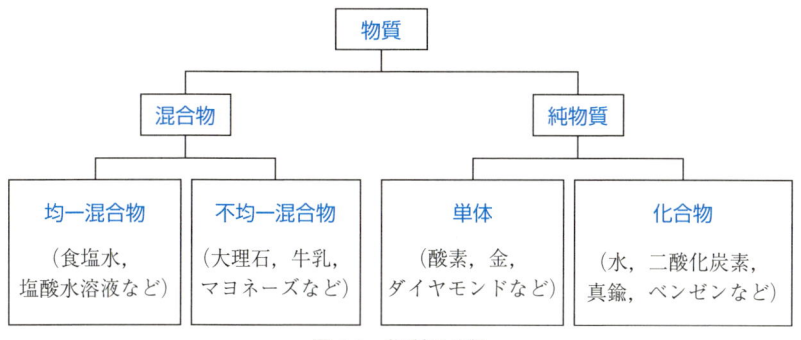

```
                    物質
         ┌───────────┴───────────┐
        混合物                   純物質
    ┌────┴────┐             ┌────┴────┐
 均一混合物  不均一混合物    単体      化合物
 （食塩水，  （大理石，牛乳，（酸素，金，（水，二酸化炭素，
 塩酸水溶液など）マヨネーズなど）ダイヤモンドなど）真鍮，ベンゼンなど）
```

図 2.1　物質の分類

2.1.2　原子と分子

物質は，原子（atom）[4]が化学的相互作用により集まってできた集合体である．原子は化学的にはそれ以上分割できない最小の粒子単位で，その直径はおよそ 10^{-10} m（100億分の1メートル）である．物質内で原子間に働く力のことを化学結合（chemical bonds）と呼んでいる．化学結合には，その結合力の起源の違いによりいくつかの種類がある（詳細は第5章で学ぶ）．

化学結合により原子が結合し，ある特定の原子数や構造を保持した原子の集合体を分子（molecule）と呼んでいる[5]．たとえば，水分子は水素原子2個と酸素原子1個からなる集合体であり，化学式を用いて H_2O と表される（図2.2）．地球上には，ヘリウム，水素や二酸化炭素などのように原子数が数個程度のものから，タンパク質のように原子数が10万を超えるものまで数多くの分子が存在している．

分子の性質は，構成する原子の性質や配列，およびその立体的な形状よって決まる．このような，分子中の原子の幾何学的な配列のことを，分子構造（molecular structure）と呼んでいる．分子構造は，分子の性質を決定するうえで重要な役割を果たす．

分子中の結合が切断され，分子構造が変化すると，その性質も変化する．また，分子の構成原子が同じでも，原子の配列が異なると分子の性質は変化しうる．同じ構成原子をもち，分子構造の異なる分子どうしを異性体（isomer）と呼ぶ．図2.3に代表的な異性体の例を示す．

[4]　atom とは，ギリシャ語の否定を表す接頭語の a と分割を表す tomos からできた言葉 átomos に由来する．すなわち，atom とは分割不可能という意味である．

[5]　熱力学ではヘリウムやアルゴンなど，単原子で存在し原子間の化学結合を有しない場合も分子として取り扱う場合がある．これらは単原子分子（monoatomic molecule）と呼ばれる．また，通常，分子という場合は，電荷をもたない原子の集合体を指す．

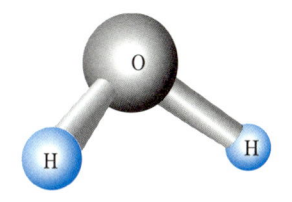

図 2.2　水分子の分子模型

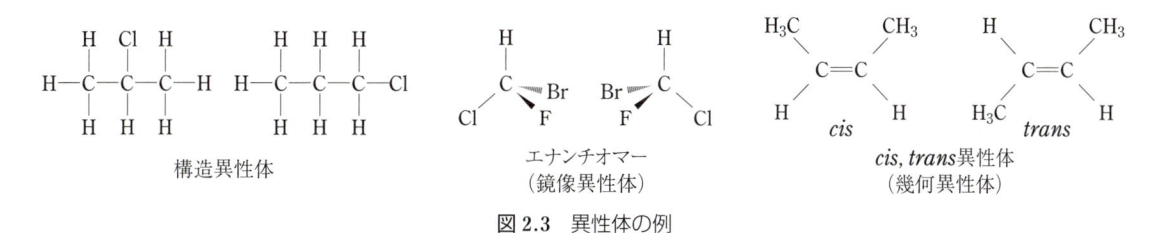

構造異性体　　エナンチオマー　　cis, trans 異性体
　　　　　　　（鏡像異性体）　　（幾何異性体）

図 2.3　異性体の例

2.1.3 物質の状態（気体，液体，固体）

物質は，温度や圧力などの周囲の環境に応じて，その存在状態が，気体（gas），液体（liquid），固体（solid）に変化する（図2.4）．物質がどの状態をとるかは，物質を構成する粒子（原子や分子）間に働く力の大きさと粒子の運動の激しさで決まる．温度が高いほど粒子は激しく運動する．したがって，温度の上昇とともに，粒子は粒子間の引力に打ち克って自由に運動するようになる[6]．この状態が気体である．窒素分子は，室温では秒速約450 mの速さで運動しており[7]，かつ，1秒あたり約100億回，他の窒素分子と衝突している．しかし，粒子は気体中にはまばらにしか存在しておらず，粒子自身の体積は，気体の占める体積の約1/1000程度でしかない[8]（1.4節参照）．

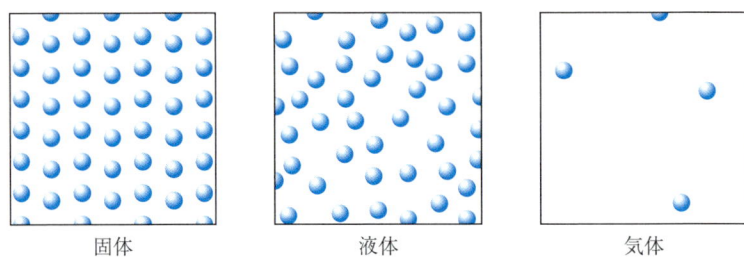

図2.4 固体，液体，気体の各状態の概念図

物質の温度が低下すると次第に粒子の運動速度が遅くなり，ある温度で粒子間の引力から逃れることができなくなる．その結果，粒子は集合状態を形成する．この状態が液体である．ただし，液体状態では，各粒子はまだ運動が可能であり，絶えず動きながらその位置を変えている．そのため，液体はそれ自体の形はなく，流れ動く性質（流動性）を有している．

さらに温度が低下すると，ついに粒子は自由にその位置を変えることができなくなり，物質は流動性をもたない状態へと変化する．この状態が固体である．固体は，気体や液体と異なり，それ自身で形を有している．しかし，固体中の粒子はまったく運動をしていないわけではない．各粒子は，粒子間相互作用で強く結び付けられているが，定位置を中心にしてわずかに振動している．ただし，固体全体では振動による各原子の動きは互いに打ち消されるため，便宜上，粒子は平均位置にとどまっているとみなして差し支えない．

多くの固体は，基本となる構造単位が周期的に繰り返された構造を有している[9]（図2.5参照）．このような，周期的な内部構造をもつ固体を結晶（crystal）という．一般に結晶を細かく粉砕しても（結合を切断しても）結晶そのものの基本的な性質は変わらない[10]．

分子も，分子間に働く弱い力（分子間力）により規則正しく配列して固体（結晶）を形成する場合がある．このような結晶を分子性結晶

---

[6] 気体状態の粒子をさらに高温度状態にすると，粒子同士の衝突により，正（原子核）と負（電子）の電荷をもった粒子に電離した状態となる．これをプラズマ状態という．雷や太陽（恒星）は，一種のプラズマ状態である．

[7] 同じ温度では軽い気体ほど速度は速い．水素は室温では約1700 m s^{-1}，水分子（水蒸気）は約570 m s^{-1}で運動している．

[8] このことは，気体中の粒子密度は，液体や固体中の粒子密度の1/1000程度であることを意味する．

[9] 固体中の原子の位置に関する情報は，X線や電子線を固体に照射することによって得ることができる．

[10] ただし，物質の大きさをナノメートル（10^{-9} m）程度（構成原子数，数千個程度）になるまで小さくすると，もとの物質とは異なる構造や性質を示す場合がある．ナノメートルサイズの物質を合成し，その構造や配列，性質を制御する技術がナノテクノロジーである．

（または**分子結晶**）（molecular crystal）という．氷は，水素結合により水分子が3次元的に規則正しく配列してできた分子性結晶である．分子性結晶は，タンパク質のような原子数が数千から1万を超える分子でも観察されている．

また，固体の中には規則的な周期構造をもたないものもあり（図2.5），これらは**非晶質**（non-crystalline）材料，または**アモルファス**[11]（amorphous）材料と呼ばれている．非晶質材料の代表がガラス（glass）である．一般に，ガラスは液体を急冷することで得られる．急冷操作により液体の不規則構造が凍結され，その結果，3次元的な周期構造をもたない固体（ガラス）ができると考えられている[12]．

2.2 元素と原子
2.2.1 元素の起源

これまで述べてきたように，原子が集合して物質はできる．それでは，原子にはどのような種類があり，それらはどこから来たのであろうか．

原子をその種類に着目して表現するとき，**元素**（element）という言葉が用いられる[13]．各元素は**元素記号**（elemental symbol）を用いて表現される．たとえば，水素，酸素，炭素の元素記号はそれぞれ，H, O, Cである．地球上には，約90種の元素が天然に存在している．また，核反応を利用して10数種の元素が人工的につくられており，これまで存在が確認されている元素は110種程度である．それらの元素の性質に周期性があることに着目して分類した表を**周期表**（periodic table）という（周期表については2.3節で述べる）．

地球上の元素の起源は，星の内部で起こる核反応とその爆発（超新星爆発）であると考えられている．星の内部では，水素原子とヘリウム原子との核反応を起点として比較的軽い元素（原子番号26の鉄まで）がつくられる（2.2.3項参照）．星のうちのいくつかは超新星爆発でその一生を終えるが，その際に，より重い元素が核反応によりつくられる．さらに爆発に伴って，これら元素は宇宙空間へと拡散し星間物質となる．太陽系形成の過程で，これら星間物質が徐々に取りこまれ，惑星となったものが地球であると考えられている．したがって，地球上の原子は，かつては星の内部に存在していたものであるといえる[14]．

2.2.2 原子，原子核と電子

原子は，正に帯電した**原子核**（nucleus）とその周囲に存在する負に帯電した**電子**（electron）から構成される．さらに，原子核は正に帯

---

11) amorphousとは，ギリシャ語の否定（without）を表す接頭語のaと形を表す名詞 morphē に由来する．

12) しかし，液体がガラスに転移する機構についてはまだ未知の点も多い．ガラス転移は，20世紀の科学の主要な未解決問題のひとつといわれている．

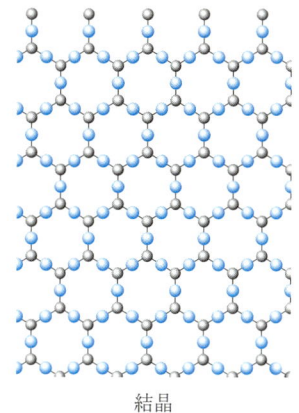

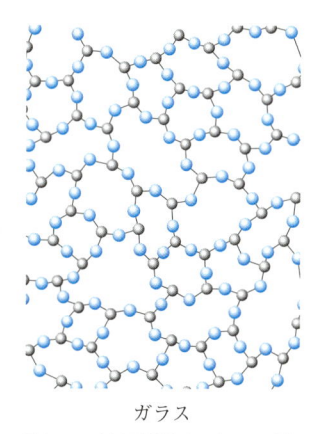

結晶

ガラス

図2.5 結晶構造とガラス（非晶質）構造の模式図

13) 原子（atom）と元素（element）は混同し易いので，言葉の使用に際しては注意が必要である．この2つの言葉は，物体と物質の関係に似ている．すなわち，「原子」は具体的な粒子状の物体を表し，「元素」はその粒子の性質，種類を表す．また，英語では，単体も元素もどちらも element という単語で表す．

14) 星を眺めると，ノスタルジック（郷愁）な気持ちを感じる人も多いのではないだろうか．それは，われわれの体を構成する原子のふるさとが星自身であるからかもしれない．

電した**陽子**（proton）と電荷をもたない**中性子**（neutron）からなる[15]．表2.1 に，これら3種類の粒子の質量と電荷を示す．陽子と中性子の質量はほぼ等しく，電子の質量は陽子（または中性子）の質量の約1800分の1である．また，表2.1には，陽電子やニュートリノなどのその他の基本粒子の性質もあわせて示す．

表2.1 原子より小さい粒子の諸性質

粒子	記号	質量/kg	質量数	電荷/C
陽子	^1_1H	1.67262×10^{-27}	1	$+1.60218 \times 10^{-19}$
中性子	^1_0n または n	1.67492×10^{-27}	1	0
電子	$^{\ \ 0}_{-1}\text{e}$ または e^-	9.10938×10^{-31}	0	-1.60218×10^{-19}
ニュートリノ	ν_e	約0	0	0
反ニュートリノ	$\bar{\nu}_e$	約0	0	0
陽電子	$^{\ \ 0}_{+1}\text{e}$ または e^+	9.10938×10^{-31}	0	$+1.60218 \times 10^{-19}$
α 粒子[16]	α	(ヘリウム原子核 $^4_2\text{He}^{2+}$)	4	$2 \times (+1.60218 \times 10^{-19})$
β 粒子[17]	β	(原子核から放出された電子)	0	-1.60218×10^{-19}
γ 粒子[18]（γ 線）	γ	(原子核からの電磁放射)	0	0

原子核中の陽子の数を**原子番号**（atomic number）といい，この番号によって原子の種類，すなわち元素が決定される．また，原子核中の陽子と中性子の数の合計を**質量数**（mass number）という．原子番号，質量数は，以下のようにそれぞれ元素記号の左下，左上に記す．

$$\text{質量数 23} \atop \text{原子番号 11}\text{Na} \atop \text{元素記号}$$

図2.6に原子番号2，質量数4のヘリウム原子核の模式図を示す．

原子が10^{-10} m程度の大きさの粒子であるのに対し，その内部の原子核の直径は約10^{-15} m，すなわち，原子の直径の10万分の1程度の大きさしかない（図2.7）．たとえば，原子を直径100 mの野球場とすると，原子核の大きさは約1 mmであり，砂粒程度の小さな粒子ということになる．第3章で詳しく述べるように，電子は図2.7のように原子核の周囲に雲状に広がって存在している（3.1.2項参照）．すなわち，原子の大きさを決めているのは，原子核ではなく，その周囲に存在する電子である．原子中の電子のエネルギーや分布状態は化学結合や反応を考えるうえで非常に重要であるが，その詳細は第4章であらためて説明する．

原子番号が同じ，すなわち，原子核中の陽子の数が同じでも，中性

15) 陽子，中性子はさらに小さい粒子（クォークと呼ばれる素粒子の一種）から構成される．しかし，通常の化学反応によって陽子，中性子がさらに小さい粒子に分解されることはない．

16) 原子核が α 粒子（ヘリウムの原子核）を放出して崩壊する過程を α 崩壊という．α 崩壊の結果，元素の原子番号が2減少するので（質量数は4減少する），別の元素に変換することになる．一般に質量数200以上の元素が α 崩壊する．
例： $^{238}_{92}\text{U} \longrightarrow ^{234}_{90}\text{Th} + ^4_2\text{He}$

17) 原子核中の中性子から電子が1個放出される過程を β 崩壊といい，その放出電子を β 粒子という．この結果，原子番号が1増加し元素の変換が起こるが，質量数の変化はない．
例： $^{14}_6\text{C} \longrightarrow ^{14}_7\text{N} + \text{e}^-$

18) 核反応の過程で，原子核が高いエネルギー状態に励起された結果，波長の短い電磁波である γ 線（表2.2）が放出される場合がある．これを γ 崩壊といい，その過程で放出された γ 線を γ 粒子という（p.31の注6の記述参照）．γ 崩壊では原子番号や質量数の変化はない．

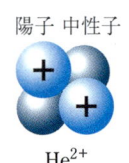

図2.6 ヘリウム原子核の模式図

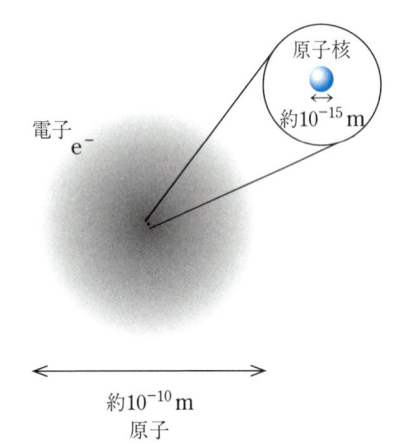

図2.7 原子構造の模式図
原子核を取り巻く雲状の部分に電子が存在している．

子の数が異なる原子が存在する．このように，原子番号が同じで質量数の異なる原子どうしを同位体（isotope）と呼んでいる[19]．たとえば，自然界に存在する大部分（99.98% 以上）の水素の原子核は陽子1個のみからなるが，中性子を1個以上含む水素同位体の存在も確認されている[20]（図 2.8）．

例題 2.1　以下に示す原子番号，質量数をもつ原子の，陽子数，中性子数，元素名を答えなさい．

（a）原子番号 6，質量数 12　　（b）原子番号 6，質量数 13
（c）原子番号 10，質量数 20

解答　陽子数 = 原子番号，中性子数 = 質量数 − 原子番号であり，元素は原子番号によって決まる．よって，（a）陽子数 6，中性子数 6，原子番号 6 より炭素，（b）陽子数 6，中性子数 7，原子番号 6 より炭素，（c）陽子数 10，中性子数 10，原子番号 10 よりネオン．

2.2.3　核反応と元素の生成

2.2.1 項で，元素の起源は星の内部で起こる核反応であるということを述べた．それでは，星，さらには，宇宙はどのようにして誕生したのであろうか．宇宙誕生の機構に関して，現在最も確からしいとされている理論がビッグバン（big bang）理論である．ビッグバン理論によると，宇宙は極めて凝縮されたエネルギーをもつ微小空間の爆発的膨張により約 138 億年前に誕生した．ビッグバン以降，さまざまな核反応が起き，恒星，惑星，星間物質，ブラックホールなどが存在する現在の宇宙が形成されたと考えられている．以下では，ビッグバン理論にもとづく元素生成の過程を概観する．

ビッグバンの直後に生じた中性子は，陽子，電子と反ニュートリノ（電荷をもたない，ほぼ質量ゼロの粒子）に分解した[21]．

$$^1_0 \text{n} \longrightarrow {}^1_1\text{H} + {}^{\;0}_{-1}\text{e} + \bar{\nu}_e$$

宇宙の誕生から数分後，宇宙の温度が 10^9 K 程度に低下すると，以下のような中性子と陽子との核反応を起点とするさまざまな核反応が起こった．

$$^1_1\text{H} + {}^1_0\text{n} \longrightarrow {}^2_1\text{H} + \gamma$$
$$^2_1\text{H} + {}^2_1\text{H} \longrightarrow {}^3_1\text{H} + {}^1_1\text{H}$$
$$^2_1\text{H} + {}^2_1\text{H} \longrightarrow {}^3_2\text{He} + {}^1_0\text{n}$$
$$^3_2\text{He} + {}^1_0\text{n} \longrightarrow {}^4_2\text{He} + \gamma$$

このように，2 種類の核子（すなわち陽子と中性子）が衝突してさらに質量数の大きな原子核に変わるときに余分のエネルギーが γ（ガンマ）線として放出される[22]．γ 線とは，10^{-11} から 10^{-13} m 程度の波長

---

[19] 同位体には，放射性同位体と安定同位体の二種類がある．放射性同位体は一定の速度で放射線を出し，他の安定な原子核に変化（崩壊）する．放射性同位体は年代測定に用いられる（p.130 参照）．一方，安定同位体は，崩壊することのない安定な同位体である．

[20] 中性子を 1 個，2 個含む同位体は，それぞれ重水素（デューテリウム），三重水素（トリチウム）と呼ばれる．安定同位体である重水素の天然存在比は 0.01 から 0.02% 程度である．放射性同位体の三重水素は天然には極微量にしか存在しない．三重水素は，β 崩壊（脚注 17 参照）により ^{3}He（ヘリウムの安定同位体の 1 つ）に変化する．

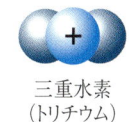

図 2.8　水素の同位体の原子核の模式図

[21] 中性子は原子核中では安定であるが，単独で存在した場合は，不安定であり 10 分程度でほぼ半数が分解する．

[22] このような核反応を核融合反応という．核融合反応の前後では，構成する粒子の質量の合計がわずかに減少する．この質量減少分が γ 線として放出される．核融合反応の際に放出されるエネルギー（約 10^9 kJ mol^{-1}）は通常の化学反応で放出されるエネルギー（約 10^3 kJ mol^{-1}）の約百万倍に相当する．

表 2.2　電磁波の分類

波長 [m]	振動数 [Hz]	名称と振動数		用　　途
10^5	3×10^3	超長波（VLF）	$3\sim30$ kHz	
10^4	3×10^4	長波（LF）	$30\sim300$ kHz	海上無線・電波時計
10^3	3×10^5	中波（MF）	$300\sim3000$ kHz	ラジオの AM 放送
10^2	3×10^6	短波（HF）	$3\sim30$ MHz	ラジオの短波放送
10	3×10^7	超短波（VHF）	$30\sim300$ MHz	テレビ放送・ラジオの FM 放送
1	3×10^8	極超短波（UHF）	$300\sim3000$ MHz	テレビ放送・携帯電話・電子レンジ
10^{-1}	3×10^9	センチ波（SHF）	$3\sim30$ GHz	レーダー・マイクロ波中継・衛星放送
10^{-2}	3×10^{10}	ミリ波（EHF）	$30\sim300$ GHz	衛星通信・各種レーダー・電波望遠鏡
10^{-3}	3×10^{11}	サブミリ波	$300\sim3000$ GHz	
10^{-4}	3×10^{12}			赤外線写真・赤外線リモコン・乾燥
10^{-5}	3×10^{13}	7.7×10^{-7} m		
10^{-6}	3×10^{14}			光学機器
10^{-7}	3×10^{15}	3.8×10^{-7} m		
10^{-8}	3×10^{16}			殺菌灯
10^{-9}	3×10^{17}			
10^{-10}	3×10^{18}			X 線写真・材料検査
10^{-11}	3×10^{19}			
10^{-12}	3×10^{20}			材料検査・医療
10^{-13}	3×10^{21}			

（波長区分：電波／マイクロ波／赤外線／可視光線／紫外線／X 線／γ 線）

をもつ高エネルギーの光（電磁波）である（表 2.2）．

　さらに時間が経過すると，ビッグバン直後に生じた中性子はほぼ分解消滅し，約 2 時間後には，物質のほとんどが H 原子と He 原子へと変化した．また，宇宙の膨張に伴って温度は徐々に低下していったが，数十万年後，10^4 K 程度まで低下してはじめて，ビッグバン初期に生成した個々の原子は，銀河星雲として集まり始めた．このようにして宇宙に最初の星が誕生したと考えられている．

　星の中心では，重力による圧力のため高温状態が保たれるので，水素燃焼反応[23]（図 2.9）

[23] 核反応に伴うエネルギー放出現象も燃焼（核燃焼）という言葉で表現されるが，熱化学（第 10 章）で扱う化学的な燃焼とは異なるので注意すること．

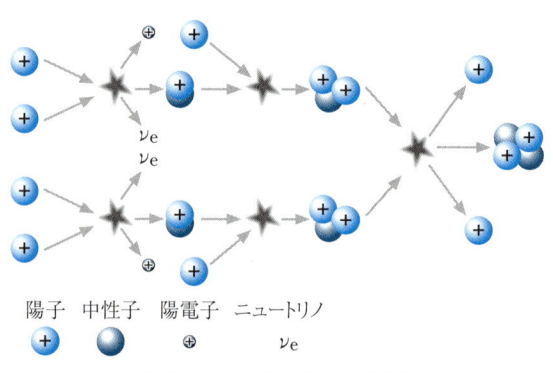

図 2.9　水素燃焼反応の模式図

$$^1_1\text{H} + ^1_1\text{H} \longrightarrow ^2_1\text{H} + ^0_1\text{e} + \nu_e \qquad ^0_1\text{e} は正に帯電した電子（陽電子）$$

$$^2_1\text{H} + ^1_1\text{H} \longrightarrow ^3_2\text{He} + \gamma$$

$$^3_2\text{He} + ^3_2\text{He} \longrightarrow ^4_2\text{He} + 2\,^1_1\text{H}$$

やヘリウム燃焼反応

$$2\,^4_2\text{He} \longrightarrow ^8_4\text{Be} + \gamma$$

$$^4_2\text{He} + ^8_4\text{Be} \longrightarrow ^{12}_6\text{C} + \gamma$$

などが起き，次第に重い元素が生成し始める．このように，星の内部における一連の核反応により，原子番号が26（鉄）までの元素が形成されていった．現在，太陽内部で起こっている主な核反応は水素燃焼反応であり，その結果，太陽は常時 3.86×10^{26} W という大量のエネルギーを放出している．水素燃焼反応により太陽内部では毎秒約6億トンの水素が反応していると考えられている．その際に発生する γ 線は周囲に存在する電子や陽子などに衝突し，太陽表面から放出される際は，より波長の長い X 線，紫外線，可視光線，赤外線などに（表2.2）に変換されている[24]．

24） したがって，太陽内部で発生した高エネルギーの γ 線が直接地球上に降り注ぐことはない．

2.3　周　期　表

現在110種以上確認されている元素の性質の周期性を表した表が周期表（periodic table）である．周期表では，元素は原子番号の順に左上から右方向に順番に配列される．表の横の行を周期（period），縦の列を族（group）といい，また，同じ族の元素どうしを同族体（congener）と呼ぶ．たとえば，17族のフッ素の同族体は塩素や臭素である．同族体の元素は化学的挙動が似通っているものが多い[25]．今日でも，化学者は，未知化合物を合成したり，その化学的性質を予見したりする際に，周期表を大いに活用している．このような元素の性質の周期的発現は，第3章で述べる原子中の電子の配列と密接に関係している．

25） 元素を原子番号の順に並べると化学的挙動の似ている元素が周期的に表れる．この特徴を最初に発見し，現在の周期表の原型をつくったのがロシアの科学者のメンデレーエフ（1834–1907）である．メンデレーエフが周期表を作成したころは，まだ未発見の元素が多くあったが，メンデレーエフはその未発見の元素の性質を正しく予言した．後に予言どおりに元素が発見されたことで，周期表の有用性と重要性が認識されるに至った．

章末問題 2

1. 以下の物質を，図2.1に示した物質の分類法に従って分類しなさい．
 （1）アルミホイル　　（2）ドライアイス　　（3）アンモニア水
 （4）食塩　　（5）食用ドレッシング
 （6）PET（ポリエチレンテレフタラート）

2. （1）以下の原子のうち，互いに同位体の関係にあるものを選びなさい．ただし，X は，未知元素の元素記号を表す．
 $$^{54}_{24}\text{X} \qquad ^{55}_{25}\text{X} \qquad ^{55}_{24}\text{X} \qquad ^{56}_{26}\text{X} \qquad ^{56}_{27}\text{X}$$
 （2）（1）で，同位体と識別した元素 X は何か，答えなさい．

3. 下記の原子またはイオンのもつ，陽子，中性子および電子の数を求めなさい．

(a) $^{29}_{14}\text{Si}$ (b) $^{29}_{14}\text{Si}^{4+}$ (c) $^{16}_{8}\text{O}^{2-}$

4. 2.2.3項で述べた一連の水素燃焼反応は,水素原子からヘリウム原子と陽電子が生成される1つの反応と見なすことができる(図 2.9 参照).この反応の反応式を,以下の個々の水素燃焼反応の反応式から導きなさい.

$$^{1}_{1}\text{H} + ^{1}_{1}\text{H} \longrightarrow ^{2}_{1}\text{H} + ^{0}_{1}\text{e} + \nu_e$$
$$^{2}_{1}\text{H} + ^{1}_{1}\text{H} \longrightarrow ^{3}_{2}\text{He} + \gamma$$
$$^{3}_{2}\text{He} + ^{3}_{2}\text{He} \longrightarrow ^{4}_{2}\text{He} + 2\,^{1}_{1}\text{H}$$

5. (1) 水素の2つの同位体 ^{1}H, ^{2}H の天然の平均存在比は,99.985 % と 0.015 % である.この同位体存在比のもとで水素分子が形成されたとする.この場合に考えられる水素分子中の同位体の組み合わせとその水素分子の存在比を計算しなさい.

(2) 炭素と酸素の同位体の天然の平均存在比(モル百分率)は以下の通りである.この同位体存在比のもとで,二酸化炭素分子が形成されたとする.この場合にもっとも存在確率の高い同位体の組み合せ,2番目に存在確率の高い同位体の組み合わせ,3番目に存在確率の高い同位体の組み合わせを示し,それぞれの存在確率を計算しなさい.

元素	同位体	平均存在比 / %
炭素	^{12}C	98.892
	^{13}C	1.108
酸素	^{16}O	99.759
	^{17}O	0.037
	^{18}O	0.204

原子の構造と電子配置　3

本章では，原子の性質およびその周期性を理解するうえで，もっとも重要な役割を果たす電子の性質と特徴について学ぶ．電子は1個，2個と数えられる粒子的性質をもつが，また，同時に回折現象などの波動的性質を示すこともある．このような，電子の不思議な振る舞いを理解するためには，量子力学というミクロな世界を記述する理論体系が必要となる．また，電子を量子力学的に取り扱うことで，原子の性質の周期的発現が，原子中の電子配置の周期性と深くかかわっていることが導かれる．

3.1 電子とは何か
3.1.1 量子の世界

第2章で述べたように，原子は正電荷を有する陽子，電荷が0の中性子，そして負電荷を有する電子から構成される．しかし，陽子と電子は電荷が単に正反対であるという以外に，多くの点で粒子としての性質に本質的な違いが見られる．

電子の質量は，陽子の質量の約1800の1しかない．また，陽子の大きさは測定可能（約 10^{-15} m）であるが，電子は大きさのない点であると考えられている[1]．質量が測定可能なのに，大きさがないというのは，一体どういうことであろうか．このような粒子を直感的に理解するは不可能であろう．しかし，これまでの多くの実験から，「質量があり，大きさのない」電子が存在することは疑いがない．このことは，われわれの感覚では，9.10938×10^{-31} kg という非常に軽い粒子（電子）の振る舞いを十分に理解することができないことを意味している

「質量があるのに，大きさがない」ということ以外にも，電子は，われわれの感覚とは相いれない数々の振る舞いをする．その代表例が電子の回折現象である．回折現象とは，位相の異なる2つの波が重なり合って，互いの波の振幅を強めあったり，弱めあったりする現象である．すなわち，電子は粒子的性格と波動的性格もあわせもつ「粒子」である．われわれの日常では粒子とはある大きさと質量をもつ物体であり，物体が回折現象を示すということはあり得ない．

電子のようなわれわれの理解を超えた不思議な「粒子」の運動を記

[1] 電子は，実験的な測定限界である 10^{-18} m までさかのぼっても，大きさがあるとの事実は得られていない．現在，電子は物質を構成する最小単位の粒子（素粒子）で，空間的な大きさをもたない点であると考えられている．

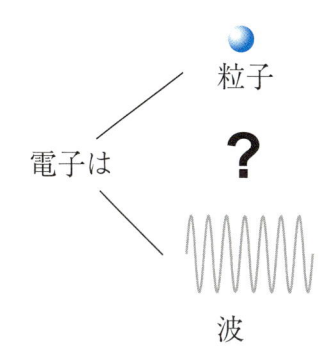

図 3.1　電子は粒子的性格と波動的性格をあわせもつ．

述するためには，通常の物体の運動を記述する力学（いわゆる古典力学）とは異なる理論体系が必要となる．その理論が**量子力学**（quantum mechanics）である[2]．量子力学は，プランク（M. Planck），ボーア（N. Bohr），ハイゼンベルグ（W. Heisenberg），シュレディンガー（E. Schrödinger），ディラック（P. Dirac）などの20世紀初頭に活躍した物理学者によって構築された理論である．量子力学は，電子の運動以外にも，光のエネルギー状態や結晶中の原子の振動状態など，さまざまな微視的現象を記述する上で有用な理論である．量子力学でその運動やエネルギー状態が記述される粒子のことを**量子**（quantum 複数形は quanta）という．電子も量子の一種である．

先に述べたように，量子は，粒子性と波動性の両方をあわせもつ．古典力学では，粒子の運動は運動量 p（$p = mv$：m は粒子の質量，v は速度）で表され，波動は波長 λ によって特徴づけられる．フランスの物理学者ド・ブロイ（L. de Broglie）は，粒子性と波動性を表すこれら2つの物理量を，**プランク定数 h**（Planck constant または Planck's constant）を用いて関係づけた．

$$p = \frac{h}{\lambda}$$

この波長 λ を特にド・ブロイ波長と呼ぶ．ここで，**プランク定数は $h = 6.62607 \times 10^{-34}$ J s** という非常に小さな値であることに注意してほしい．すなわち，ド・ブロイ波長 λ が実測可能な大きさとなるためには，運動量 p はできるだけ小さな値でなければならない（すなわち，粒子の質量は極めて小さくなければならない）．逆に，p が大きいと，λ は非常に小さな値となり，事実上，波としての振る舞いを観測することができない．野球のボールが量子とならず，電子が量子となるのはここに原因がある（章末問題 3.1 を参照のこと）．

3.1.2 原子中の電子の状態

量子が粒子性と波動性の両方の性質をもつことの帰結として，**不確定性原理**（uncertainty principle）と呼ばれる次の関係式が導かれる．

$$\Delta x \, \Delta p \geq \frac{h}{4\pi}$$

ここで，Δx は粒子の位置 x の不確かさの程度，Δp は運動量の不確かさの程度を表している．この関係式は，1926年ハイゼンベルグによってはじめて示されたもので，ハイゼンベルグの不確定性原理とも呼ばれる．不確定性原理は，Δx と Δp を同時に 0 にすることはできない，すなわち，粒子の位置と運動量を同時に正確に決定することはできないということを意味している[3]．

---

[2] 量子力学によって記述される世界をミクロスコピックな（微視的）世界，一方，古典力学によって記述される世界をマクロスコピックな（巨視的）世界という．

[3] たとえば Δx を 0 にしようとすると（位置を正確に決めようとすると），Δx と Δp の積は有限な値をもつので Δp は限りなく大きくしなければならない．すなわち，運動量に関する正確な情報は全く失われることになる．古典的な粒子では，位置と運動量の両方を同時に正確に測定することが可能（Δx と Δp を同時に 0 にすることが可能）と考えるが，これは，h を 0 に近似しているのである．

したがって，電子は原子という小さい領域内でも，常に Δx という位置に関する不確定性を保ちながら空間中に存在する．言い換えると，電子は原子核を取り巻く領域に広がって存在している（その広がりの程度が Δx に対応する）．ただし，電子は空間中にでたらめに存在しているのではなく，図 3.2 に示すように電子の存在確率の高い領域が存在する．このような領域を電子雲（electron cloud）と呼んでいる．この電子雲の大きさが原子の大きさにほぼ対応する．先に述べたように，「電子自身」に大きさはないが，「電子の存在する領域」には一定の大きさがあり，その大きさが原子の大きさを決定しているのである．

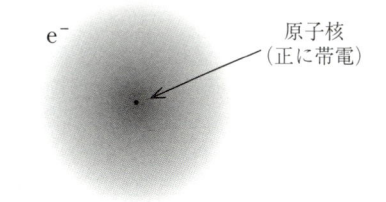

図 3.2 原子構造の模式図．原子核周辺の色の濃い部分が電子の存在確立の高い部分に対応する．

3.2 水素原子の電子状態

3.2.1 波動関数と原子軌道

原子の電子状態（電子のエネルギーや電子の存在確率など）は，シュレディンガーの波動方程式と呼ばれる微分方程式を数学的に解くことで求めることができる．この微分方程式は，原子中に電子が 1 個しか含まれない水素原子では解析的に解くことが可能である．次に，この波動方程式の解のもつ意味について詳しく考えてみよう．

波動方程式の解は，波動関数（wavefunction）と呼ばれ，通常記号 Ψ（ギリシャ文字，プサイまたはプシー）で表される．波動関数には，振幅が正の領域と負の領域があり，それは電子の波としての性質に対応している．また，波動関数の 2 乗は，電子をある微小領域に見出す確率を表している．波動方程式の解は量子数（quantum number）といわれる 3 つのパラメーター（n, l, m_l）を用いて表現される．ここで，n, l, m_l をそれぞれ，主量子数（principal quantum number），方位量子数（または軌道角運動量量子数）（orbital angular momentum quantum number），磁気量子数（magnetic quantum number）という．ただし，n, l, m_l のとりうる値には一定の制約があり，数学的な解としては以下の整数値しか許されない．

$n = 1, 2, 3, 4, 5, 6, 7, \cdots$

$l = 0, 1, 2, 3, 4, \cdots, (n-1)$

$m_l = -l, -l+1, -l+2, \cdots, -2, -1, 0, 1, 2, \cdots, l-2, l-1, l$

表 3.1 に $n = 1, 2, 3$ の場合に許される n, l, m_l の値を示す．1 組の (n, l, m_l) が 1 つの解（波動関数）に対応し，その波動関数を原子軌道（atomic orbital）と呼んでいる．原子中の電子は，これらの原子軌道のどれか 1 つに収容される．同じ主量子数 n に属する軌道を殻（shell）といい，大文字のアルファベット記号を用いて表される．

表 3.1 殻と副殻の記号と対応する原子軌道の量子数

殻の記号	副殻の記号	副殻の軌道の数 $(2l+1)$	n	l	m_l
K ($n=1$)	1s ($l=0$)	1	1	0	0
L ($n=2$)	2s ($l=0$)	1	2	0	0
	2p ($l=1$)	3	2	1	−1
			2	1	0
			2	1	1
M ($n=3$)	3s ($l=0$)	1	3	0	0
	3p ($l=1$)	3	3	1	−1
			3	1	0
			3	1	1
	3d ($l=2$)	5	3	2	−2
			3	2	−1
			3	2	0
			3	2	1
			3	2	2

n: 1 2 3 4 5 6 7 …
名称 K L M N O P Q …（以降アルファベット順）

また，方位量子数 l の同じ軌道をまとめて**副殻**（subshell）という．副殻は，次に示す小文字のアルファベット記号を用いて表される．

l: 0 1 2 3 4 …
名称 s p d f g …（以降アルファベット順）

4) 量子数 n の殻には，n^2 個の原子軌道が存在する（章末問題 3.5 参照）．

量子数 l の副殻には $2l+1$ 個の原子軌道があり，これらの軌道を区別する量子数が磁気量子数 m_l である[4]．

例題 3.1 以下に示す主量子数 n，方位量子数 l，磁気量子数 m_l で表される原子軌道が属する殻と副殻を記号で答えなさい．
  (a) $(n, l, m_l) = (1, 0, 0)$ (b) $(n, l, m_l) = (2, 1, -1)$
  (c) $(n, l, m_l) = (3, 2, -2)$ (d) $(n, l, m_l) = (4, 0, 0)$
  (e) $(n, l, m_l) = (4, 3, -2)$

解答 (a) K 殻　1s (b) L 殻　2p (c) M 殻　3d (d) N 殻　4s
(e) N 殻　4f

3.2.2 水素原子のエネルギー準位

量子数 n, l, m_l が特定の整数値しかとりえないため，電子のエネルギーもとびとびの値しかとりえない．これをエネルギーが**量子化されている**（quantized）という．水素原子の場合は，電子のエネルギー E は主量子数 n だけで決まる．

$$E = -\frac{me^4}{8n^2\hbar^2\varepsilon_0^2}\frac{1}{n^2} \quad n = 1, 2, 3, \cdots$$

すなわち，同じ殻に属する副殻のエネルギーは等しい[5]．

5) ただし，電子が2個以上存在する原子（多電子原子）の場合は，エネルギーは方位量子数（軌道角運動量量子数）l によっても異なる値をとる（3.3.3 項参照）．

原子軌道に電子が収容されて，系のエネルギーが最低となっている状態を**基底状態**（ground state），また，基底状態よりもエネルギーが高い状態を**励起状態**（excited state）という．図 3.3 に，$n = 1, 2, 3$ に対応する殻のエネルギー準位を示す．水素原子では主量子数 $n = 1$ の原子軌道，すなわち K 殻中の 1s 軌道に電子が 1 つ収容されている状態が基底状態である．水素原子の基底状態において，もっとも電子を見出す確率の高い球殻の半径（53 pm）を**ボーア半径 a_0**（Bohr radius）と呼んでいる．また，上の式によると，水素原子中の電子のエネルギーはいずれも負の値をとることがわかる（より負になるほどエネルギーの安定化を意味する）．この安定化は，原子核との静電的相互作用に由来する[6]．一方，励起状態とは，L 殻や M 殻など原子核から空間的に離れた軌道（図 3.3）に電子が入ることで，電子−原子核間の静電相互作用が弱まり，系のエネルギーが高くなった状態のことをいう．外部からその過剰分のエネルギーを供給すれば電子を励起させることができるが，励起状態は不安定なので，瞬時に基底状態へ戻る[7]．その際に，電子は励起状態−基底状態間のエネルギー差に対応するエネルギーを光として放出する．

[6] 実際の軌道のエネルギーは，静電相互作用によるポテンシャルエネルギー（負の値）と，電子の運動エネルギー（正の値）の和である．ポテンシャルエネルギーから考えると，電子は原子核により近づく方が好ましいが，その分，電子の運動空間が制限されるため，ド・ブロイ波長が短くなる．これは，電子の運動量の増加（3.1.1 項参照），すなわち運動エネルギーの増加をもたらすので，エネルギー安定化の観点からは好ましくない．したがって，電子は，**負のポテンシャルエネルギーと正の運動エネルギーの均衡した位置に存在する**（電子は原子核に吸い込まれない！）．

[7] 励起状態の性質にも依存するが，$10^{-8} \sim 10^{-9}$ 秒程度で基底状態にもどる．

$$E_0 = \frac{me^4}{8n^2h^2\varepsilon_0^2}$$

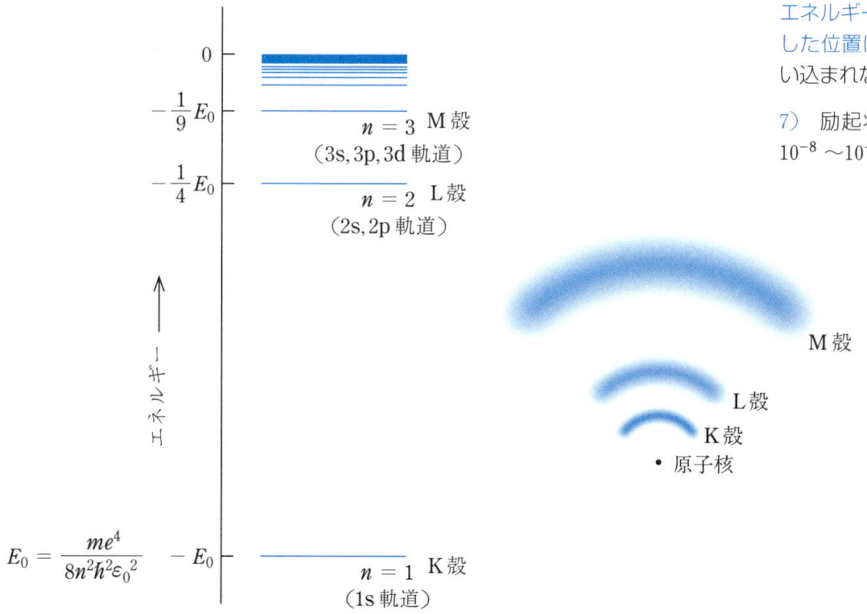

図 3.3 水素の軌道エネルギー準位と，K, L, M 殻の空間的広がりを表す概略図

3.2.3 原子軌道の形

原子軌道は，方位量子数 l や磁気量子数 m_l の違いにより，固有の形状を有している．このような形状の違いは，分子の形状や化学反応を議論する際に重要になる．

図 3.4 に，水素原子の s, p, d 軌道の概略図を示す．

(a) s 軌道

方位量子数 $l=0$ の軌道であり，球対称である．1s 波動関数の符号は，図 3.4 に示すようにすべての場所で正である[8]．

(b) p 軌道

方位量子数 $l=1$ の軌道であり，m_l の異なる 3 つの軌道からなる．通常，p 軌道は図 3.4 に示すように，x, y, z 軸に平行で同じ形をした 3 組の軌道として描かれる[9]．いずれの軌道もその平行軸にそって，原点を横切る際に符号が逆転する．このような，符号の変化する境界面を節面（nodal plane）と呼ぶ．

(c) d 軌道

方位量子数 $l=2$ の軌道であり，m_l の異なる 5 つの軌道からなる．p 軌道よりさらに複雑な角度依存性を示し，いずれの d 軌道にも節面が 2 つある．

3.3 多電子原子の電子状態

3.3.1 軌道近似法

原子中に電子が 2 個以上含まれる原子を多電子原子（many-electron atoms）という．多電子原子中の電子の波動方程式を解析的に解くことはできない．しかし，さまざまな近似法の開発とコンピューターの進歩により，多電子原子に関しても高い精度で原子軌道のエネルギーや確率密度が求められている．多電子原子の電子状態を求めるための最初の近似として，各電子が水素原子の軌道（1s 軌道や 2p 軌道など）と類似した原子軌道に入ると仮定する場合が多い．このような近似を軌道近似法（orbital approximation）と呼んでいる．次に，この近似のもとで多電子原子の電子がどの原子軌道に入るかについて考える．以下では，原子軌道を電子が占有する様子を電子配置（electron configuration）と呼ぶ．

3.3.2 スピン磁気量子数

多電子原子の電子配置を考える前に，電子の状態を記述するために必要なもう 1 つの量子数について紹介する．3.2 節で水素原子の波動方程式の解は，n, l, m_l という 3 つの量子数で表現されることを述べた．しかし，外部磁場下における実験から，第 4 の量子数が存在することが明らかとなった[10]．それが，スピン磁気量子数（spin magnetic quantum number）で，通常，記号 m_s で表される．すなわち，原子中の電子の状態を完全に記述するには，4 つの量子数 n, l, m_l, m_s が必要となる．

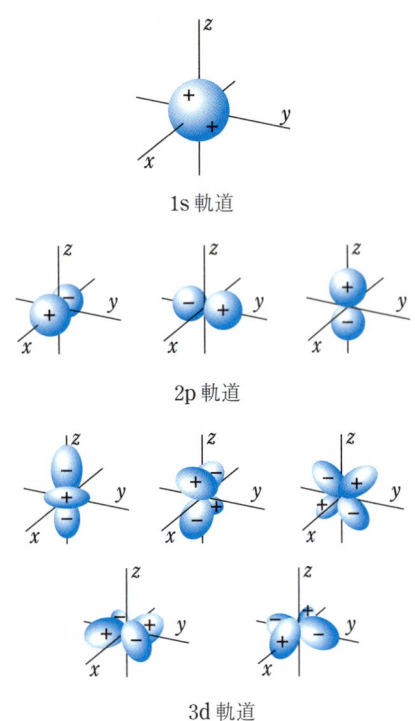

図 3.4 水素の 1s, 2p, 3d 軌道の模式図

[8] ただし，2s 軌道では，電子密度の高い領域が，原子核に近い側と遠い側の 2 つの領域にあり，その境界で符号が反転する．

[9] $m_l = -1, 0, 1$ の原子軌道が必ずしもそのまま，図 3.4 に示した 3 つの軌道に対応するのではない．波動方程式の解として得られる関数は，$m_l = -1, 1$ の場合，xyz 座標系で表現できない複素関数であるので，これらを適宜組み合わせて実関数にしたものが，図 3.4 に図示した 3 つの 2p 軌道である．

[10] 電子の性質を，磁場をかけた状態と，かけない状態で測定すると，異なる結果が得られる．このことより電子が磁場と相互作用する（磁石として働く）ことが明らかとなった．

スピン磁気量子数 m_s は，n, l, m_l とは異なり，$+1/2$ または $-1/2$ のどちらかの値しかとり得ない．スピン磁気量子数は古典的には電子の自転と対比される．電子が時計方向に自転し，その自転軸が外部磁場と同じ方向を向いているときに $m_s = +1/2$（または"上向きスピン"↑），一方，反時計回りに自転し自転軸が外部磁場と反対方向を向いているときに $m_s = -1/2$（または"下向きスピン"↓）をとると考える．しかし，電子は大きさのない点であるから，自転運動という概念は便宜上のものにすぎない．スピンの存在は，電子の量子力学的な性質に起因するものである．

3.3.3 基底状態の電子配置

3.2.2 項で，水素原子のような電子を 1 つしかもたない系では，電子のエネルギーは主量子数 n で決まることを述べた．しかし，**多電子原子では，n が同じ電子でも方位量子数 l が異なると軌道のエネルギーは異なる**．これは，l の違いによって原子軌道の形状が異なるため，副殻ごとに電子間の反発の強さや，原子核との静電的相互作用に違いが生じるからである．多電子原子では，電子が軌道を占める順序は次のようになる（図 3.5）．

(1) 電子が占める順序：1s < 2s < 2p < 3s < 3p < 4s < 3d < 4p < 5s < 4d < 5p < …

また，軌道中の電子の配置は，以下に述べる**パウリの排他原理**

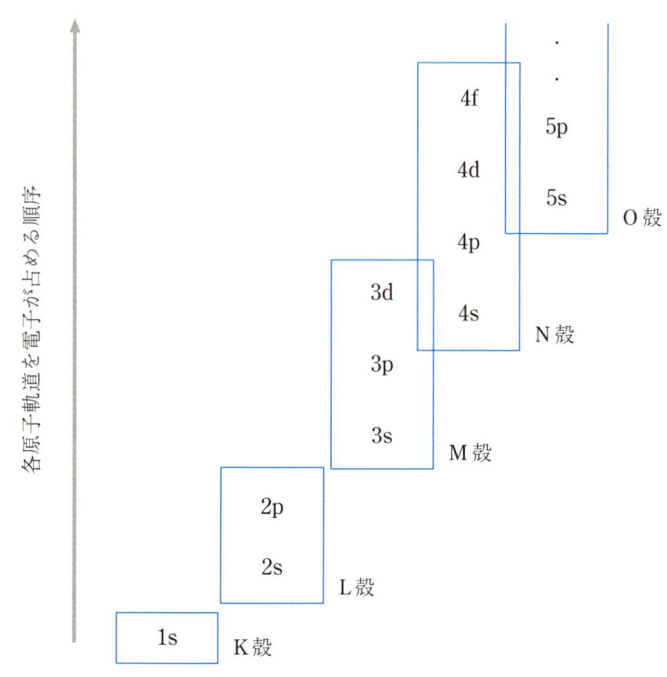

図 3.5 原子軌道を電子が占める順序

（Pauli exclusion principle）と**フントの規則**（Hund's rule）にもとづいて決定される．

(2) パウリの排他原理：1個の軌道を占めることのできる電子は最大で2である．ただし，2個の電子が同じ軌道を占めるときは，電子のスピンは互いに逆向き（↑↓）でなければならない．

(3) フントの規則：同じエネルギーの軌道が2つ以上あるとき，電子は別々の軌道にスピンが同じ向き（↑↑）になるように入る．これは同じエネルギーの軌道がすべて1つの電子で占められるまで続く．

上記 (1)〜(3) に従うと，原子番号が 1〜10 の各元素の基底状態の電子配置は以下のようになる[11]．

11) 一部の遷移金属元素は，(1)〜(3) を単純に適用した電子配置とは異なる電子配置を有している．詳しくは，第7章で述べる．全原子の基底状態の電子配置は付録1参照のこと．

殻の名称	K	L		電子配置
副殻の名称	1s	2s	2p	
H	↑			$(1s)^1$
He	↑↓			$(1s)^2$
Li	↑↓	↑		$(1s)^2(2s)^1$
Be	↑↓	↑↓		$(1s)^2(2s)^2$
B	↑↓	↑↓	↑			$(1s)^2(2s)^2(2p)^1$
C	↑↓	↑↓	↑	↑		$(1s)^2(2s)^2(2p)^2$
N	↑↓	↑↓	↑	↑	↑	$(1s)^2(2s)^2(2p)^3$
O	↑↓	↑↓	↑↓	↑	↑	$(1s)^2(2s)^2(2p)^4$
F	↑↓	↑↓	↑↓	↑↓	↑	$(1s)^2(2s)^2(2p)^5$
Ne	↑↓	↑↓	↑↓	↑↓	↑↓	$(1s)^2(2s)^2(2p)^6$

この電子配置から，電子が充填されている最外殻は，H〜Be では s 軌道であり，一方，B〜Ne では p 軌道であることがわかる．最外殻は**価電子殻**（valence shell），最外殻の電子は**価電子**（valence electrons）と呼ばれる．価電子は元素の化学反応性や性質を決定するうえで重要な役割を果たす電子であり，**価電子数が同じ元素は互いに性質が類似している**．すなわち，元素の性質の周期的発現は，原子番号の増大に伴って，同じ価電子数を有する最外殻が周期的に現れることに起因している．

また，周期表中の各元素を価電子殻によって分類することもよく行われる（図 3.6 参照）．s, p, d, f 軌道を価電子殻として有する元素はそれぞれ，s–ブロック元素，p–ブロック元素，d–ブロック元素，f–ブロック元素と呼ばれる．

例題 3.2 基底状態の電子配置が以下のように表される元素を，元素記号で答えなさい．

(a) $(1s)^2(2s)^2(2p)^6$　　　(b) $(1s)^2(2s)^2(2p)^2$

（c）$(1s)^2(2s)^2(2p)^6(3s)^2$　　（d）$(1s)^2(2s)^2(2p)^6(3s)^2(3p)^5$

解答　（a）Ne　　（b）C　　（c）Mg　　（d）Cl

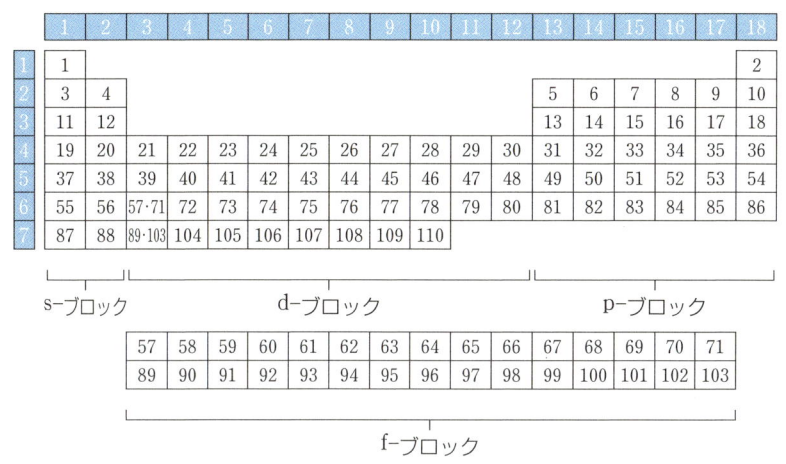

図 3.6　周期表の全体構造．ただし，He は s-ブロックに含まれる．箱内の数字は原子番号を表す．

章末問題 3

1. （1）質量 0.15 kg の野球のボールが，速度 30 m s^{-1} で運動しているときのド・ブロイ波長を求めなさい．また，この結果から，野球のボールを量子として考える必要のない理由を考察しなさい．

    （2）電子が 1.5×10^6 m s^{-1} で運動しているときのド・ブロイ波長を求めなさい．なお，電子の質量は 9.1×10^{-31} kg して計算しなさい．また，この結果から，この電子が波動性を示すかどうかについて考察しなさい．

2. 原子は正の電荷を帯びた原子核と，負の電荷を帯びた電子とから構成され，その間には静電引力が働いている．しかし，電子が原子核と接触して結合することはない．その理由を説明しなさい（3.2.2 項を参照）．

3. 価電子とは何か説明しなさい．また，以下の元素の価電子数を答えなさい．

    （a）リチウム　　（b）ケイ素　　（c）アルゴン　　（d）フッ素

4. 以下の量子数の組で表される原子軌道の名称を例に従って答えなさい．
    例　$(n, l, m_l) = (1, 0, 0)$　名称：1s 軌道
    $(n, l, m_l) = (2, 0, 0)$　　$(n, l, m_l) = (3, 1, -1)$　　$(n, l, m_l) = (3, 2, 2)$

5. 主量子数 n の殻中の原子軌道の数は n^2 個となることを示しなさい．

6. 次の原子やイオンの基底状態の電子配置を示しなさい．
（a）C　　（b）F　　（c）Si　　（d）O　　（e）O^{2-}　　（f）Ca^{2+}　　（g）K$^+$

7. 次に示す原子，イオンの電子配置を例にならって記しなさい．

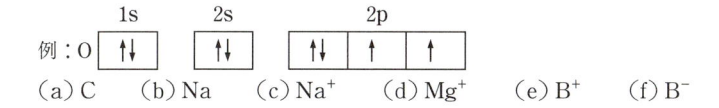

    （a）C　　（b）Na　　（c）Na$^+$　　（d）Mg$^+$　　（e）B$^+$　　（f）B$^-$

4 元素の性質とその周期性

　元素の性質の周期性は，陽子や電子が発見される以前（19世紀後半）にすでに知られていたが，当時は，その理由は謎であった．第3章で学んだように，周期表の元素配列と原子内の電子配置は密接に関係している．本章では，原子半径やイオン化エネルギーなど，周期的に変化する元素の性質を電子構造の観点から説明する．さらに，分子内の電荷分布や分子間の化学反応性を評価する指標である電気陰性度についても学ぶ．

4.1 原子半径

　第3章で述べたように，原子中の電子は，原子核を中心に雲状に広がった状態で存在している．このことは，孤立して存在する原子は，剛体球のようなある特定の大きさをもった堅い球ではないことを意味する．また，電子雲の広がりの程度は，周囲に存在する原子やイオンの種類や数によっても影響を受ける．すなわち，原子の大きさは，周囲の環境によっても変化するものであり，原子の種類を定めれば一義的に決まるというものではない．しかし，電子雲の広がりの程度は，原子核中の陽子数（原子番号）や全電子数によって系統的に変化している．したがって，原子の半径を定義して，種々の元素間でその値を比較，検討することは有用である．

　元素の単体は，室温で固体，液体または気体の状態で存在している．

　いずれの場合も，元素の単体中における最隣接原子間距離の1/2を 原子半径（atomic radius）として定義する．気体分子中では，第5章で述べる 共有結合（covalent bond）によって原子どうしが結合しているので，非金属元素の原子半径のことを，共有結合半径（covalent radius）と呼ぶこともある．ただし，第18族の希ガスは，単原子分子として存在するので共有結合半径を定義することができない[1]．表4.1に，原子番号が1から20までの元素の原子半径を示す（その他の元素の原子半径は付録2を参照のこと）．同族元素に関しては，周期表の下の元素ほど原子半径が大きくなることがわかる．これは，同族元素では，周期表の下の元素ほど価電子が主量子数の大きな殻（原子

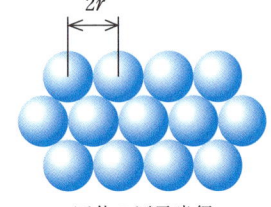

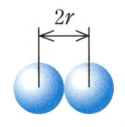

図 4.1 固体および気体分子の原子半径

---

[1] 希ガスの原子半径は，低温における固体または液体状態における最隣接原子間距離の1/2として定義される．固体または液体状態における希ガス原子間にはファンデルワールス力と呼ばれる弱い力が働いているので，このようにして定めた原子半径を ファンデルワールス半径（van der Waals radius）と呼ぶ．

表 4.1 原子半径 r/pm

H 37							He (180)
Li 157	Be 112	B 88	C 77	N 74	O 66	F 64	Ne (160)
Na 191	Mg 160	Al 143	Si 118	P 110	S 104	Cl 99	Ar (190)
K 235	Ca 197						

＊希ガスはファンデルワールス半径の値

軌道）を占有することと関係する．図3.3に模式的に示したように，主量子数の増加につれて，殻は原子核の中心から離れた位置にも存在するようになる．その結果，電子雲の空間的広がりは大きくなり，原子半径が大きくなる．

一方，同周期元素に関しては，原子番号の増加とともに，原子半径が小さくなる．同周期元素中の価電子は主量子数の同じ殻に収容されているので，原子半径は価電子と原子核との静電相互作用の大きさによって決まる．同周期元素では原子番号の増加とともに，価電子の感じる原子核の実質的な正電荷の値[2]が増加する．したがって，周期表の右にいくほど，価電子はより原子核に引き寄せられることになり，この順に原子半径が小さくなる．

例題 4.1 次に示した原子を半径の小さいものから順に並べなさい．
(1) Li, Cs, K　　(2) N, F, B

解答 (1) これらの元素はいずれも第1族のアルカリ金属であるので，原子番号の順に原子半径は大きくなる．したがって，原子半径の小さいものから順に並べるとLi < K < Csとなる．
(2) これらの元素はいずれも第2周期の元素であるので，原子番号の順に原子半径は小さくなる．したがって，原子半径の小さいものから順に並べるとF < N < Bとなる．

4.2 イオン半径

4.1節で述べた原子半径は，単体中の元素の大きさを見積もる指標であった．一方，本節で扱う**イオン半径**（ionic radius）は化合物中の元素のイオン状態での大きさを評価する指標である．ただし，化合物中の隣り合うカチオンとアニオン[3]を一定の大きさの半径をもつ球として割り振る一義的な方法はないので，イオン半径は原子半径よりも定性的色彩が濃い．これまで，イオン半径を見積もるさまざまな方法が提案されているが[4]，6配位 O^{2-} の半径を140 pmとして算出する方法がよく用いられる（図4.2参照）．表4.2に，原子番号が20までの元素のイオン半径を示す（その他の元素のイオン半径は付録3を参照のこと）．

同一の元素の原子半径とイオン半径を比較すると，**カチオン半径**

[2] 原子軌道中の電子が原子核から感じる実質的な正電荷のことを，有効核電荷と呼んでいる．価電子の有効核電荷は，原子番号の値の1/2から1/3程度しかない．これは，原子核近傍に存在する内殻電子の負電荷が原子核の正電荷を部分的に打ち消すためである．

[3] 陽イオンを**カチオン**（cation），陰イオンを**アニオン**（anion）と呼ぶ．

[4] イオン半径の値は，同じイオンであっても出典（イオン半径の算出方法）によって値が異なる場合がある．したがって，異種イオン間のイオン半径を比較する場合は，同じ出典から引用したイオン半径を用いなければいけない．

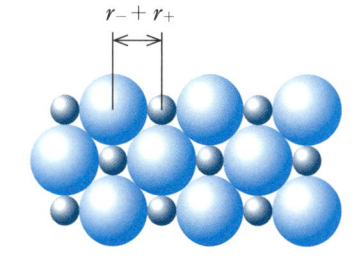

図4.2 イオン結晶中のイオン半径の概念図．大きい方の球をアニオン，小さい方の球をカチオンとする．カチオン-アニオン間の距離（$r_- + r_+$）は，実験的に求めることが可能であるので，カチオンとアニオンのうち一方の大きさを決めれば，一方の大きさは決まる．O^{2-} の大きさを140 pmとして，その他のイオンの大きさを見積もることが多い．

表 4.2 イオン半径 r/pm

Li$^+$ 76(6)	Be^{2+} 27(4)	B^{3+} 12(4)		N^{3-} 132(4)	O^{2-} 140(6)	F$^-$ 133(6)
Na$^+$ 99(4) 102(6)	Mg^{2+} 49(4) 72(6)	Al^{3+} 39(4) 53(6)			S^{2-} 184(6)	Cl$^-$ 167(6)
K$^+$ 138(6) 151(8)	Ca^{2+} 100(6) 112(8)					

( ) 内の値は配位数を表す

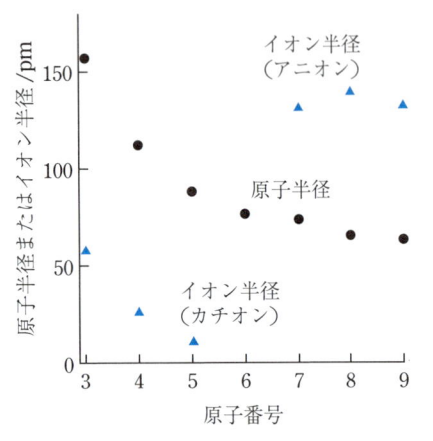

図 4.3 第 2 周期元素の原子半径とイオン半径の比較

<原子半径 <アニオン半径となっていることがわかる（図 4.3）．カチオン半径が原子半径より小さくなるのは，価電子を失うことで，原子状態と比べて主量子数が小さい殻の電子配置となるためである．さらに，カチオンでは，原子番号>総電子数となり，電子雲がより強く原子核に引きつけられることも，イオン半径が減少する要因となりうる．

一方，アニオンでは原子番号<総電子数であるため，カチオンの場合とは逆に原子核が電子雲を引きつける力が弱まる．その結果，電子の存在する領域がより遠くまで広がり，その結果，アニオンのイオン半径は原子半径に比べて大きくなる．

イオン半径は，イオンに隣接して存在する異種イオンの数，すなわち，配位数（coordination number）によっても異なる値をとる（第 7 章も参照のこと）．一般に，配位数の増加に伴いイオン半径は大きくなる．これは，配位数が大きくなるほど，配位イオン間の静電反発が大きくなり，その結果，配位イオンが中心イオンに対してより広がった状態で存在するようになるためであると考えられる．

例題 4.2 次に示した原子またはイオンを半径の小さいものから順に並べなさい．
　　（1）O, O$^-$, O^{2-}　　（2）S^{2+}, S, S^{2-}

解答　（1）原子は受け取る電子の数が多くなるほど，最外殻電子と原子核との静電相互作用は弱くなり，イオン半径は大きくなるので O < O$^-$ < O^{2-} となる．
　　（2）同じ元素では，カチオン半径 < 原子半径 < アニオン半径であるので，S^{2+} < S < S^{2-} となる．

4.3 イオン化エネルギー

第 3 章で述べたように，原子中の電子のエネルギーは負の値をとる．これは，電子と原子核との間に引力が働いていることを意味する．したがって，この負のエネルギーを打ち消すだけの正のエネルギーを外部から加えると，電子は原子核からの静電引力から解き放たれ，原子の外に放出される．たとえば，図 4.4 に示すように，ある原子 M の価電子のエネルギーが $-E_1$ の場合，$+E_1$ のエネルギーを加

えると，この価電子は原子から放出され，M⁺カチオンとなる．

$$M(g) \longrightarrow M^+(g) + e^-(g)$$

このように，気相中の原子から電子を取り去ってイオン化させるのに必要なエネルギーを**イオン化エネルギー**（ionization energy）という[5]．特に，気相中の原子から，1価のカチオンを生成するために必要な最小のエネルギーを第1イオン化エネルギー（IE_1 と表記する），1価のカチオンからさらに電子1個を取り去り，2価のカチオンを生成するために必要な最小のエネルギーを第2イオン化エネルギー（IE_2）と呼ぶ．さらに高次のイオン化エネルギー（IE_n）も同様に定義されるので，原子MをM^{n+}カチオンにするためには，外部から $IE_1 + IE_2 + \cdots + IE_n$ のエネルギーを加えればよい．

原子のイオン化エネルギーは，紫外線のエネルギー程度である[6]．したがって，原子に異なる波長の紫外線を照射し，電子放出の有無を観察することで，さまざまな元素のイオン化エネルギーを測定することができる．表4.3に，原子番号が20までの元素の第1イオン化エネルギーを示す（その他の元素のイオン化エネルギーは付録4を参照のこと）．

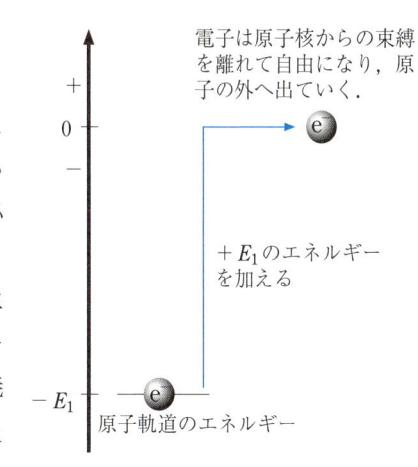

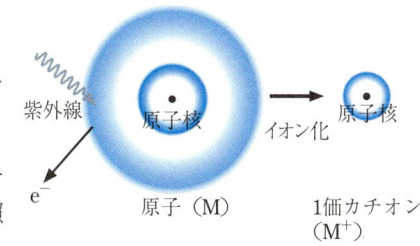

図4.4 原子のイオン化過程．イオン化に伴い半径が減少するようすも模式的に表している．

表4.3 第1イオン化エネルギー，kJ mol⁻¹

H 1312								He 2373
Li 520	Be 899		B 801	C 1086	N 1402	O 1314	F 1681	Ne 2080
Na 495	Mg 738		Al 578	Si 786	P 1012	S 1000	Cl 1251	Ar 1521
K 419	Ca 590							

同周期元素では一般に原子番号の増加に伴って第1イオン化エネルギーの値が増加している．4.1節で述べたように，同周期元素では，原子番号の増加とともに，価電子－原子核の静電相互作用が大きくなるので，イオン化させるのにより多くのエネルギーを必要とするからである．しかし，一部の元素間ではその順序が逆転している場合がある．たとえば，図4.5に示すように，第2周期元素では，ホウ素の方がベリリウムより第1イオン化エネルギーは小さい．これは，ベリリウムからホウ素へと移行する過程で，最外殻が2s軌道から2p軌道へと変化するためである．同じL殻の電子でも，2p軌道中の電子は，2s軌道中の電子よりも原子核との相互作用が弱く，より小さなエネルギーで電子を取り去ることが可能である．さらに，窒素，酸素間でも第1イオン化エネルギーの逆転が見られる．これは，酸素原子では，2p軌道の1つにスピンが逆向きの2個の電子が充填されていることに起因する．これら逆向きの対電子は互いに強く反発している

[5) イオン化エネルギーは1モルあたりのエネルギーに換算して，kJ mol⁻¹ の単位で表すことが多い（本書でも kJ mol⁻¹ の単位を用いている）．

6) 量子力学では，光も波動性と粒子性をもつ量子（これを光子と呼ぶ）と考える．波長λの光に対応する光子1個のエネルギーは，プランク定数 h，光の速度 c を用いて $h(c/\lambda)$ と表される．紫外線（波長 10～400 nm）のエネルギー（300～10,000 kJ mol⁻¹ 程度）は，多くの元素のイオン化エネルギーに相当する．

ため，対を形成していない電子に比べて容易に取り去ることができる．

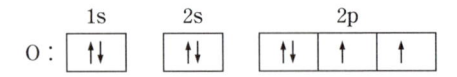

$$\text{O}: \begin{array}{|c|} \hline 1s \\ \uparrow\downarrow \\ \hline \end{array} \quad \begin{array}{|c|} \hline 2s \\ \uparrow\downarrow \\ \hline \end{array} \quad \begin{array}{|c|c|c|} \hline & 2p & \\ \uparrow\downarrow & \uparrow & \uparrow \\ \hline \end{array}$$

さらに，酸素原子から電子1個を取り去ると以下のような電子配置をとる．

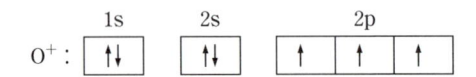

$$\text{O}^+: \begin{array}{|c|} \hline 1s \\ \uparrow\downarrow \\ \hline \end{array} \quad \begin{array}{|c|} \hline 2s \\ \uparrow\downarrow \\ \hline \end{array} \quad \begin{array}{|c|c|c|} \hline & 2p & \\ \uparrow & \uparrow & \uparrow \\ \hline \end{array}$$

このように酸素原子はO^+となることで，p軌道を構成するp_x, p_y, p_z軌道のそれぞれが半充填された状態となる．半充填された副殻は，全体として球対称の軌道となるため原子核との静電相互作用が強くなる．このようなイオン化に伴うエネルギーの安定化も，酸素のイオン化エネルギーの低下に寄与している．

第1族元素の第1イオン化エネルギーが小さいのは，イオン化に伴い，副殻のすべてが電子によって充填された希ガス型電子配置になるためである．ただし，ひとたび希ガス型電子配置になると，それ以上電子を取り去るのは容易ではない．ナトリウムの場合，第2イオン化エネルギーは4560 kJ mol^{-1}となり，第1イオン化エネルギー（495 kJ mol^{-1}）の約9倍の値となる．n個の価電子をもつp-ブロック元素は，n個の電子を失って希ガス型電子配置となるため，第$n+1$イオン化エネルギーは第nイオン化エネルギーの3〜10倍にもなる．

例題4.3 表4.3で第1族元素のイオン化エネルギーを比較すると，Li > Na > Kの順に減少している．その理由を考察しなさい．

解答 表4.1よりLi, Na, Kの原子半径は，Li < Na < Kの順に増加する．したがって，最外殻電子と原子核との静電引力はこの順に減少し，イオン化エネルギーもLi > Na > Kの順に減少する．

4.4 電子親和力

原子は，原子核中の陽子の正電荷と，その周囲に存在する電子の負電荷がちょうどつりあった電気的に中性の状態である．しかし，次式

$$\text{M}(g) + e^-(g) \longrightarrow \text{M}^-(g)$$

のように原子にさらに電子を付け足しても，その付加電子と原子核間に静電引力が生じ，安定なアニオンを形成するものがある．このように，気体状の原子に外から電子を1個付加したとき，外部に放出されるエネルギーを電子親和力（E_aと表記する）と呼ぶ．電子親和力が正の値となっている場合は，その元素は電子付加により，エネルギーが

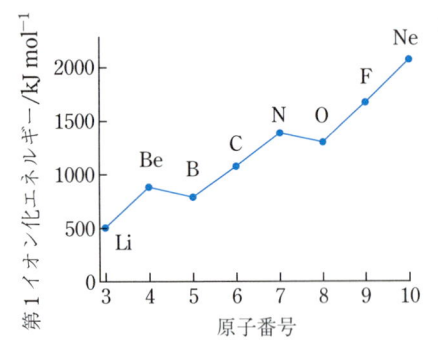

図4.5 第2周期元素の第1イオン化エネルギー

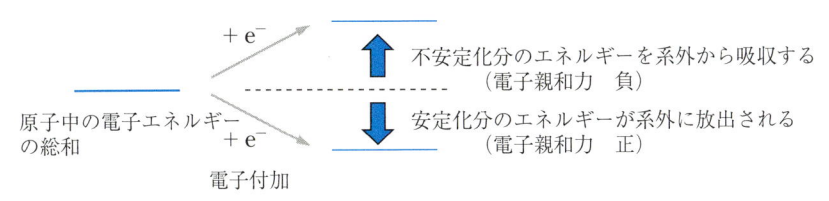

図 4.6 電子付加に伴う電子エネルギーの変化．電子付加により，エネルギーの総和が減少する場合は正の電子親和力，増加する場合は負の電子総和力と定義する．

安定化する（系の全エネルギーが低下する）ことを意味している[7]．ただし，元素によっては，電子を1個付け加えることで，逆に不安定になる（系の全エネルギーが上昇する）ものもある．この場合は，エネルギーの上昇分を系外から吸収しなければならず，電子親和力は負となる（図4.6参照）．

原子番号が20までの元素の電子親和力の値を表4.4に示す（その他の電子親和力は付録5を参照のこと）．電子親和力が大きな正の値となる元素は，電子付加により副殻の半分またはすべてが充填される元素であることがわかる．たとえば，第4族（C, Si など）および17族（F, Cl など）元素の電子親和力は大きい正の値となっている．一方，原子の電子配置が副殻の半充填状態（N, P など）または完全充填状態（He, Ne, Ar など）である場合は，電子親和力が負の値となるか，または正であっても値が小さい．

[7] 電子親和力と類似の物理量として電子取得エンタルピーがある．電子取得エンタルピーは，気相の原子が電子を受け取る反応における，標準モルエンタルピー変化であるから，電子親和力とは符号が逆になる．ただし，電子取得エンタルピーをもって電子親和力と定義する場合もあるので注意すること．

表4.4 電子親和力/kJ mol^{-1}

H 72							He -48
Li 60	Be < 0	B 27	C 123	N -7	O 141	F 328	Ne -116
Na 53	Mg < 0	Al 44	Si 134	P 71	S 201	Cl 349	Ar -96
K 48	Ca < 0						

例題 4.4 希ガス元素の電子親和力はいずれも負の値をとる．その理由を説明しなさい．

解答 希ガス元素は，最外殻がすべて充填された安定構造をとっている．この状態に電子を加えるには，主量子数の1つ大きいさらに外側の殻に電子を充填しなければならない．したがって，付加電子と原子核との間の静電相互作用は弱く，電子親和力は負となる．

4.5 電気陰性度

化合物の電荷分布は均一ではなく，ある特定の原子に偏って存在している場合が多い．そこで，化合物中における原子の電荷分布を見積もるため，原子が電子を引きつける力を相対的に表す尺度が提案され

ている．これが元素の**電気陰性度**（electronegativity）χ である．電気陰性度の大きな元素は電子を強く引きつけるため，化合物中ではアニオンの形で存在することが多い．一方，電気陰性度の小さな元素は，化合物中では電子を失ってカチオンとなりやすい．電気陰性度は，化学における重要な概念のひとつであり，結合エネルギー，物質間の反応性や化合物中の電荷分布などを予測するうえで，定量的指針を与えうる．

電気陰性度は，4.3節および4.4節で述べたイオン化エネルギーや電子親和力と異なり，実測可能なパラメーターではない．これまで，さまざまな研究者により電気陰性度を定量的に定式化する方法が提案されてきた．マリケン（R. Mulliken）は，イオン化エネルギー（IE）が大きくかつ電子親和力（E_a）も大きな元素は，化合物中で隣接する原子から電子を引きつける力が強いと考え，電気陰性度を次のように定義した．

$$\chi_M = \frac{IE + E_a}{2}$$

希ガスを除く原子番号が20までの元素のマリケンの電気陰性度の値を表4.5に示す．電気陰性度の値は，原子半径などの原子パラメーターと同様に，**同族元素では周期表の上に位置する元素ほど大きく，同周期元素では右にいくほど大きくなる**．したがって，全原子中フッ素がもっとも電気陰性度が大きい．マリケンの他，ポーリング（L. Pauling）やオールレッド（A. L. Allred）およびロコウ（E. Rochow）によって提案された電気陰性度の値もよく用いられる[8]（表4.5）．電気陰性度の絶対値には若干の相違はあるものの，いずれの値も同様の周期的傾向を示していることがわかる．

[8] ポーリングは2原子間の結合生成エネルギーにもとづいて電気陰性度を算出した（5.3節参照）．また，オールレッド・ロコウは，原子の有効核電荷の値から電気陰性度を見積もった（章末問題5参照）．一般には，ポーリングの電気陰性度の値（付録6参照）が用いられることが多い．

表4.5 元素の電気陰性度

H 2.20						
3.06						
2.20						
Li 0.98	Be 1.57	B 2.04	C 2.55	N 3.04	O 3.44	F 3.98
1.28	1.99	1.83	2.67	3.08	3.22	4.43
0.97	1.47	2.01	2.50	3.07	3.50	4.10
Na 0.93	Mg 1.31	Al 1.61	Si 1.90	P 2.19	S 2.58	Cl 3.16
1.21	1.63	1.37	2.03	2.39	2.65	3.54
1.01	1.23	1.47	1.74	2.06	2.44	2.83
K 0.82	Ca 1.00					
1.03	1.30					
0.91	1.04					

上段がポーリング，中段がマリケン，下段がオールレッド・ロコウの値を示す

章末問題 4

1. 以下に示す2つの元素に関し，より大きな原子半径および第1イオン化エネルギーを有する元素はどちらか，理由とともに答えなさい．
 (a) B と F　　(b) Li と Rb

2. 表4.4に示すように，酸素原子の電子親和力はその同族元素であるイオウ原子の電子親和力よりも小さい．その理由を考察しなさい．

3. 以下はある第3周期の元素の第1，第2，第3，第4イオン化エネルギーの値を示したものである．イオン化エネルギーの値から，この元素を推定しなさい．
$$738,\ 1450,\ 7730,\ 10500\ \text{kJ mol}^{-1}$$

4. 付録3，付録4に示したイオン化エネルギーおよび電子親和力の値をもとに，次の反応が吸熱反応，発熱反応のどちらであるか答えなさい．
 (a) $\text{K(g)} + \text{Br(g)} \longrightarrow \text{K}^+\text{(g)} + \text{Br}^-\text{(g)}$
 (b) $\text{Cs(g)} + \text{Cl(g)} \longrightarrow \text{Cs}^+\text{(g)} + \text{Cl}^-\text{(g)}$

5. オールレッドとロコウは，電気陰性度を原子核が価電子に及ぼす静電的な力として次のように定義した．
$$\chi_{\text{AR}} = \frac{3590\ Z^*}{r^2} + 0.744$$

ここで，Z^*は有効核電荷（価電子が実質的に感じる原子核の電荷），rは共有結合半径（pm）である．表4.5のオールレッド・ロコウの電気陰性度の値と，表4.1の原子半径（共有結合半径）の値を用いて，イオウ原子の有効核電荷を求めなさい．

5 イオン結合と共有結合

　これまで，原子の構造やその性質の周期性など，原子の化学的特徴について述べてきた．しかし，原子が孤立状態で存在することはまれであり，同種あるいは異種原子と化学結合して，分子（気体や液体）や固体を形成していることが多い．化学結合とは，原子間で何らかの相互作用が生じ，その結果，原子間距離をある特定の値に保とうとする働きのことである．化学結合の様式は，結合に関与する原子の種類によって，イオン結合，共有結合，金属結合，水素結合などに分類されている．本章では，化学結合のなかでも特に重要なイオン結合と共有結合について詳しく述べる．

5.1 イオン結合
5.1.1 イオン対分子

　電気陰性度の差がおよそ2以上の原子間では，片方の原子からもう一方の原子に電子がほぼ完全に移動し，カチオンとアニオンが生成する．このようにして生成したカチオン，アニオン間の静電相互作用（クーロン力）により，両イオンが結合した状態をイオン結合という．イオン結合は，NaClやMgOなど天然に存在する多くの結晶中に見られる．そこで，本項ではイオン結合のもっとも簡単なモデルとして，1個のカチオンと1個のアニオンからなるイオン対分子中のイオン結合についてまず考察する．

　イオン対分子の例として，気体状のNaCl分子を取り上げる[1]．NaCl分子中におけるカチオンはNa^+，アニオンはCl^-である．以下では，どのような過程を経てナトリウムと塩素間で電子が移動し，イオン結合が形成されるかについて説明する．

　まず，孤立したナトリウム原子と塩素原子が空間的に遠く離れて存在している状態を考える．このとき，それぞれの原子は互いに相互作用を及ぼさず，化学結合を形成していない．この状態における各原子の大きさ，すなわち電子雲の広がりの程度は原子半径程度であろう．表4.1のナトリウムと塩素の原子半径から，ナトリウム原子と塩素の直径はそれぞれ380 pmおよび200 pm程度と考えられる［図5.1(a)］．次に，この無限に離れた状態のまま，ナトリウム原子から電子1個を塩素原子に移動させたとしよう［図5.1(b)］．ナトリウム原

---

[1] NaClは天然には3次元的にNa^+とCl^-が規則正しく配列した結晶構造（固体）をとる．しかし，イオン結合の本質的な部分は，気体のNaCl分子でも固体のNaCl結晶でも変わらない．気体状のNaCl分子はNaClを1400 ℃以上の高温で加熱することで人工的に作り出すことが可能である．

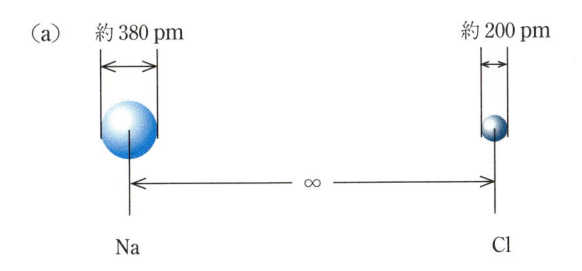

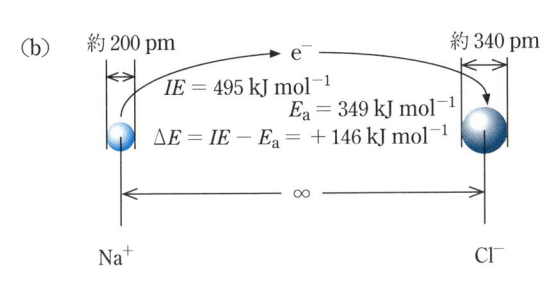

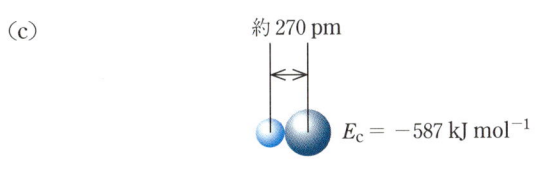

(a) 約 380 pm　　　　　　　　　　　約 200 pm

　　　　　　　　　　∞
　　Na　　　　　　　　　　　　　　Cl

(b) 約 200 pm　　　　e⁻　　　　約 340 pm

$IE = 495$ kJ mol^{-1}
$E_a = 349$ kJ mol^{-1}
$\Delta E = IE - E_a = +146$ kJ mol^{-1}

　　　　　　　　　∞
　　Na⁺　　　　　　　　　　　　　Cl⁻

(c) 約 270 pm

$E_c = -587$ kJ mol^{-1}

Na⁺ Cl⁻
イオン対分子形成による安定化
$IE - E_a + E_c = -441$ kJ mol^{-1}（発熱反応）

図 5.1　NaCl のイオン対分子の形成過程

子から電子を 1 個取り去るのに必要なエネルギーは，ナトリウム原子の第 1 イオン化エネルギーであり，その値は表 4.3 より $IE = 495$ kJ mol^{-1} である．このときナトリウム原子は 1 価のカチオンとなるので，その大きさは半分程度にまで収縮する．一方，塩素原子は電子を 1 個受け取って $E_a = 349$ kJ mol^{-1} のエネルギーを放出するとともに（表 4.4 の電子親和力の値を参照のこと），1 価のアニオンとなり，その大きさは原子状態に比べ 1.7 倍程度にまで膨張する．したがって，この電子移動過程を起こすのに必要な外部から加えるべき正味のエネルギー ΔE は，$\Delta E = IE - E_a = (495$ kJ mol$^{-1}) - (349$ kJ mol$^{-1})$ $= 146$ kJ mol^{-1} という正の値となる．すなわち気体 1 mol あたり 146 kJ というエネルギーを系外から注入しなければ，遠く離れたナトリウム，塩素間で電子移動は起こらない．

しかし，電子移動によりカチオンとアニオンが形成されると，イオン間には静電引力が働く．その結果，両イオンは互いに接近し始める．イオン間距離が，各イオン半径の和（270 pm）程度にまで減少した時点で，イオン対分子を形成したとみなす［図 5.1（c）］．静電相互作用の結果，系外に放出される NaCl 分子 1 mol あたりのクーロン

2) 気体状のNaCl分子のイオン間距離の実測値は，それぞれのイオン半径の和よりもわずかに短く，236 pmである．ここで計算したクーロンエネルギーは，$r = 236$ pmとして計算したものである．

3) 誘電率は，荷電粒子間の静電相互作用の大きさを決める定数である．荷電粒子が真空中に存在する場合は，真空の誘電率，物質中に存在する場合はその物質の誘電率を用いて，クーロンエネルギーを計算する．

4) NaCl分子の原子状態への解離エネルギーの実測値は406 kJ mol^{-1}であり，計算値(441 kJ mol^{-1})とおおむね一致している．このことは，NaCl分子におけるイオン対分子モデルが妥当であることを示している．

5) NaI, NaBr, NaCl, NaFの結合解離エネルギーの実測値は，それぞれ305, 364, 406, 477 kJ mol^{-1}である．

エネルギー$E_{c(分子)}$は次のように計算できる．

$$E_{c(分子)} = -\frac{N_A \times (n^+ e) \times (n^- e)}{4\pi\varepsilon_0 r} = -587 \text{ kJ mol}^{-1} \text{ 2)}$$

ここで，N_Aはアボガドロ定数(6.02×10^{23} mol^{-1})，eは電気素量(1.60×10^{-19} C)，ε_0は真空の誘電率[3](8.85×10^{-12} J^{-1} C^2 m^{-1})，n^+, n^-はそれぞれカチオン，アニオンの電荷の数(ここではいずれも1)，rはイオン間距離である．このクーロンエネルギー(発熱)は，先の無限遠におけるナトリウム，塩素原子間の電子移動に伴うエネルギーコスト(吸熱)を上回り，結果的にイオン対分子の形成により$E_c + IE - E_a = -441$ kJ mol^{-1}，すなわち441 kJ mol^{-1}の熱が放出される．すなわち，<u>ナトリウム原子と塩素原子は無限縁に離れて存在するより，イオン対分子を形成した方が安定である</u>[4]．

以上の考察より，イオン対分子の形成(安定化)には，カチオン，アニオン間のクーロンエネルギーが大きく寄与していることが理解できるであろう．クーロンエネルギーはイオン間距離に反比例して大きくなる．たとえば，ハロゲン化ナトリウム分子の安定性は，ハロゲン化物イオンのイオン半径の減少とともに大きくなる[5]．

5.1.2 イオン結晶

次に，2個以上の原子からなる系のイオン結合を考えよう．簡単のために，まず，図5.2に示すように，Na$^+$とCl$^-$が一定間隔rで直線状に整列した場合(1次元結晶)のクーロンエネルギーを考えよう．矢印で示したカチオンに注目すると，隣接する2個のアニオン(距離r)との静電相互作用(引力)により負のクーロンエネルギー，さらにその隣の2個のカチオン(距離$2r$)との静電相互作用(斥力)により正のクーロンエネルギーと，順々に負，正のクーロンエネルギーの寄与が累積されていく．したがって，注目するカチオンの全クーロンエネルギーは，

$$E_{c(1次元)} = -\frac{(n^+ e) \times (n^- e)}{4\pi\varepsilon_0} \times \left(\frac{2}{r} - \frac{2}{2r} + \frac{2}{3r} - \frac{2}{4r} + \cdots\right)$$

$$= -\frac{(n^+ e) \times (n^- e)}{4\pi\varepsilon_0 r} \times \left(2 - \frac{2}{2} + \frac{2}{3} - \frac{2}{4} + \frac{2}{5} - \frac{2}{6} + \cdots\right)$$

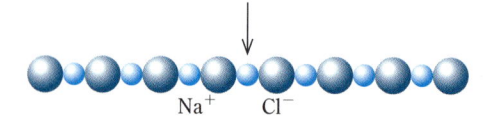

図5.2 直線状に配列したNaClのイオン対(1次元結晶) 小さい球がカチオン(Na$^+$)，大きい球がアニオン(Cl$^-$)を表す．

と書ける．ここで，上式（ ）内の無限級数の和は $2\ln 2 = 1.38629\cdots$ であるから，これを定数 A_1 とおくと，

$$E_{c\,(1次元)} = -\frac{(n^+ e) \times (n^- e)}{4\pi\varepsilon_0 r} \times A_1 \qquad A_1 = 2\ln 2$$

となる．定数 A_1 は，原子の配列の仕方によってきまる定数で**マーデルング定数**（Madelung constant）という．図5.2のすべてのNa$^+$とCl$^-$に適用し，NaCl 1 mol あたりのクーロンエネルギーを計算すると，

$$E_{c\,(1次元)} = -N_A \times \frac{(n^+ e) \times (n^- e)}{4\pi\varepsilon_0 r} \times A_1 \qquad A_1 = 2\ln 2$$

となる[6]．

それでは，カチオンとアニオンが3次元的に配列した結晶（3次元結晶）ではどうなるであろうか．3次元NaCl結晶中では，Na$^+$とCl$^-$は，図5.3のように配列しており，中心イオンからみて，第一近接（6配位），第二近接（12配位）と離れるにしたがって配位数は増大する．これらの効果を無限遠まで考慮すると，NaClのマーデルング定数として1.748が得られる[7]．このようにして得たマーデルング定数を用いると3次元結晶でも，1次元結晶の場合と同様にクーロンエネルギーを計算することができる．3次元結晶のマーデルング定数を A_3 とすると NaCl 1 mol 当たりのクーロンエネルギーは，

$$E_{c\,(3次元)} = -N_A \times \frac{(n^+ e) \times (n^- e)}{4\pi\varepsilon_0 r} \times A_3 \qquad A_3 = 1.748$$

と書ける．$1 < A_1 < A_3$ であることから，分子，1次元結晶，3次元結晶 1 mol あたりのクーロンエネルギーは，$E_{c\,(3次元)}$（$-897\ \text{kJ mol}^{-1}$） $< E_{c\,(1次元)}$（$-711\ \text{kJ mol}^{-1}$） $< E_{c\,(分子)}$（$-587\ \text{kJ mol}^{-1}$）となり，3次元結晶がもっともエネルギー的に安定であることがわかる[8]．このような考察から，なぜイオン性化合物が3次元の固体結晶として存在しているかが理解できるであろう．

5.2　共 有 結 合

5.2.1　原子価結合理論

5.1節で述べたイオン結合は，周期表の左側に位置する電気陰性度の小さな原子と，周期表の右側に位置する電気陰性度の大きな原子間の化学結合であった．一方，電気陰性度に差がない同一原子の原子間，および電気陰性度にほとんど差のない異種原子間には共有結合という化学結合が働く．以下では，水素分子（H$_2$）の共有結合について考えよう．

まず，孤立した水素原子が遠く離れて存在している場合を考える

---

[6] NaCl 1 mol 中には Na$^+$ と Cl$^-$ がそれぞれ N_A 個存在するので全イオン数は $2N_A$ であるが，Na$^+$ と Cl$^-$ 間のクーロンエネルギーを2回数えることを避けるため，2で割っている．

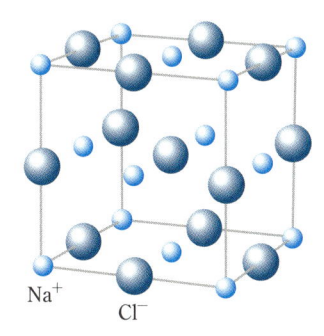

図5.3　3次元的に配列したNaCl（3次元結晶）小さい方の球がNa$^+$，大きい方の球がCl$^-$に対応する．

[7] 3次元結晶の A_3 は，結晶構造（8章参照）によって変化する．代表的なイオン結晶構造の A_3 は以下のとおりである．塩化ナトリウム型1.748，塩化セシウム型1.763，蛍石型2.519，閃亜鉛鉱型1.638，ウルツ鉱型1.641，ルチル型2.408．

[8] 1次元，3次元結晶中の Na$^+$-Cl$^-$ 間の距離 r を $r = 270$ pm（各イオン半径の和）として計算している．実際の結晶中では，クーロン相互作用だけでなく，イオン間の電子雲の反発による斥力がカチオン–アニオン間においても働く．これらの効果を考慮しても，やはり，3次元結晶のエネルギーがもっとも低くなる．

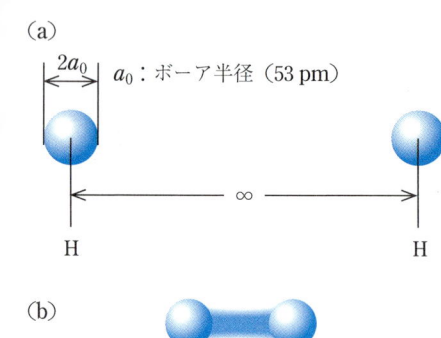

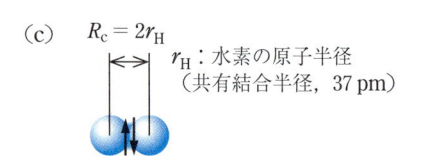

(a) $2a_0$　a_0：ボーア半径（53 pm）

H　∞　H

(b)

2つの水素原子間で電子の共有が起こり始める

(c) $R_c = 2r_H$　r_H：水素の原子半径（共有結合半径，37 pm）

共有結合による H_2 分子の形成

図 5.4　H_2 分子の形成過程

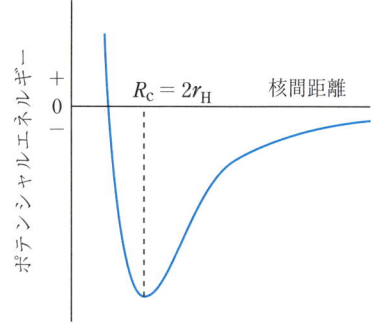

図 5.5　H_2 分子のポテンシャルエネルギー曲線

[図 5.4（a）]．2つの水素原子間には相互作用が働いていないので，電子雲の広がりは 3.2.2 項で述べた水素 1s 軌道の分布，すなわち，ボーア半径 a_0（53 pm）程度である．次に，2つの水素原子が次第に接近すると，片方の原子の周囲に存在していた電子は，もう一方の原子の原子核とも相互作用するようになる．その結果，各電子は両方の原子核から同時に引力を受けるようになり，よりエネルギー的に安定な状態となる．すなわち，電子は2つの原子の中間の領域にも存在し始める [図 5.4（b）]．このような2つの原子核による電子の共有は，原子核が近接する方がより効果的に起こるので，核間距離はさらに短くなる．ただし，あまりに原子核どうしが近接すると，原子核間の静電反発が生じるので，ある核間距離 R_c でポテンシャルエネルギーの極小が生じる（図 5.5 参照）．この時点で核間距離 R_c をもつ安定な水素分子が形成されたと見なすことができる [図 5.4（c）]．このように，隣接原子が互いに電子を共有することで生じた結合を**共有結合**（covalent bond）という．4.1 節で述べた水素の原子半径（共有結合半径）r_H（37 pm）は，水素分子の核間距離 R_c の 1/2 に相当する（$r_H = R_c/2$）．水素の原子半径 r_H は孤立水素原子の半径であるボーア半径の 70% 程度しかない．このことからも，一方の水素原子の 1s 軌道電子がもう一方の水素原子の原子核と相互作用していることが理解できるであろう．

以上述べた共有結合の形成の理論は**原子価結合理論**（valence-bond theory）と呼ばれる．原子価結合理論では，電子1個をもつ原子軌道が電子1個をもつ別の軌道と重なり合うことで結合が生じると考える．すなわち，電子を簡略化して点で表すと，共有結合の形成過程は次式のように表現できる．

$$\text{H·} + \text{·H} \longrightarrow \text{H:H} \quad \text{または} \quad \text{H}-\text{H}$$

このように，結合に電子対が1対含まれている場合を単結合という．3.3.3 項で述べたパウリの排他原理より，電子対を形成している電子のスピンの向きは互いに逆向き（↓↑）である [図 5.4（c）]．

5.2.2　σ 結合と π 結合

共有結合は，水素分子のような s 軌道どうしの重なりだけでなく，s 軌道と p 軌道，さらには，p 軌道と p 軌道の重なりによっても形成される．以下では，窒素分子（N_2）を例にとり，p 軌道と p 軌道の重なりによる共有結合の形成を考える．

3.3.3 項で述べたように，窒素原子の基底状態の価電子の電子配置は

$$(2s)^2(2p_x)^1(2p_y)^1(2p_z)^1$$

である．$2p_x, 2p_y, 2p_z$ 原子軌道はそれぞれ電子を 1 個ずつ保有しているので，隣接する窒素原子間でこれらの軌道が重なり合うことで共有結合が形成される（図 5.6）．

図 5.6 より，p 軌道の重なりには以下の 2 つの様式があることがわかる．

(1) $2p_y$ 軌道のように，対面する 2 つの軌道の正面と正面が重なりあっている場合．軌道の重なりによって，原子を結ぶ軸（図 5.6 では y 軸）を含むどのような面にも節面は生じない．このような結合を **σ（シグマ）結合**（σ bond）という．

(2) $2p_x, 2p_z$ 軌道のように，対面する 2 つの軌道の側面と側面が重なりあっている場合．原子を結ぶ軸を含む面に節面が存在する．このような結合を **π（パイ）結合**（π bond）という．

このように，窒素分子の共有結合は，1 個の σ 結合と 2 個の π 結合とからなっている．この結合状態は簡略化して，

$$N\vdots\vdots N \quad または \quad N\equiv N$$

と表示される[9]．

5.2.3 分子軌道理論

前項で述べた原子価結合理論は，共有結合の形成を理解するうえで有用な理論である．しかし，原子価結合理論で取り扱われる電子は，分子中の全電子のうち直接結合に関わる電子のみである．さらに，原子価結合理論では，基底状態しか扱うことができない．したがって，光の吸収やイオン化，さらには化学反応などの分子の励起状態に関わる現象を理解するには，別の観点から化学結合を考える必要がある．

分子の結合のみならず励起状態や化学反応まで取り扱うことが可能な理論として，**分子軌道理論**（molecular orbital theory）が発達した．原子価結合理論では，共有結合を形成した後も電子は各原子の原子軌道を占めると考える．一方，分子軌道理論では，電子は**分子軌道**（molecular orbital）という分子全体に広がった新しい軌道を占めると考える[10]．すなわち，分子軌道理論では，個々の電子の電子状態を記述する波動関数を，分子軌道という分子に特有の軌道によって表現する．しかし，3.3 節で述べたように，多電子系の波動方程式は解析的には解けないので，さまざまな近似法を用いて分子軌道が計算されている．

そのなかでもっとも重要な近似法が**原子軌道の線形結合近似**（linear combination of atomic orbital，以下 LCAO 近似と略す）である．分子軌道は分子固有の軌道であるが，分子を構成する原子の原子軌道を適宜組み合わせることによって近似的に分子軌道を書き表すの

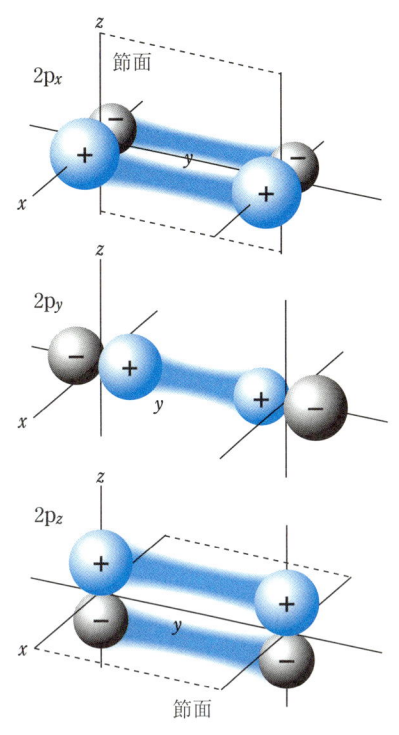

図 5.6 隣接する窒素原子の p_x, p_y, p_z 軌道が重なるようす．$2p_x$ 軌道の重なりでは，yz 面が節面，$2p_z$ 軌道の重なりでは，xy 面が節面となる．

[9] 3 対の共有結合からなる結合を三重結合という．

[10] 共有結合を記述するのに，原子価結合理論と分子軌道理論という別々の理論があるのはおかしいと感じる読者もいるかもしれない．いずれの理論も，量子力学的考えにもとづくものであり，共有結合の本質をとらえた優れた理論である．化学では，どのような現象を理解するかで，これら 2 つの理論を使い分けている．

がLCAO近似である[11]．LCAO近似によって得られる分子軌道の数は，原子軌道の数に等しい．たとえば，N 個の原子軌道の線形結合（組み合わせ）により分子軌道を表すと，N 個の分子軌道が得られる．

5.2.4 水素分子の分子軌道

LCAO近似では，水素分子の分子軌道 Ψ は，水素原子の1s原子軌道 ϕ を用いて以下のように書ける．

$$\Psi = c_A \phi_A + c_B \phi_B$$

ここで，添え字 A, B は水素分子を構成する各原子を意味し，線形結合の係数 $c_i (i = A, B)$ は，それぞれの原子軌道（ϕ_i）の分子軌道に対する寄与の程度を表す．水素分子の分子軌道は2個の1s原子軌道の組み合わせで表現されるので，得られる分子軌道の数は2である．

c_i の値は正の値も負の値もとりうるが，c_i^2 の値が大きいほど，原子軌道 ϕ_i の分子軌道への寄与は大きくなる．水素分子は左右対称の分子であるから，各水素原子の分子軌道への寄与は等しい[12]．$c_A^2 = c_B^2$ より，$c_A = c_B$ と $c_A = -c_B$ の2通りが考えられる．すなわち，水素分子の2つの分子軌道は比例定数 C を用いて

$$\Psi_+ = C(\phi_A + \phi_B) \quad (c_A = c_B = C \text{の場合})$$
$$\Psi_- = C(\phi_A - \phi_B) \quad (c_A = -c_B = C \text{の場合})$$

と表現できる[13]．この2つの分子軌道 Ψ_+，Ψ_- を図示すると図5.7のようになる．基底状態では，よりエネルギーの低い Ψ_+ 軌道に電子が2個入っている．この電子は，原子間の領域を含めた分子全体に分布し，2個の水素原子核をつなぎとめる役割をしているので，Ψ_+ 軌道を **結合性軌道**（bonding orbital）という．また，この Ψ_+ 軌道は，5.2.2項で述べた σ 結合を形成しているので σ_{1s} 軌道とも呼ばれる．

一方，よりエネルギーの高い Ψ_- 軌道は，位相が正，負の1s軌道

---

[11] LCAO近似によって分子軌道を表した後，実際にどのような原子軌道の組み合わせによって分子軌道が表現されるかを決定するまでには，多くの複雑な計算が必要となる．その計算を行ううえでもさまざまな近似法が開発されている．このような近似法の発達，ならびに，近年のコンピューターのめざましい進歩に伴い，100個程度の原子からなる分子に関しては，実験結果をほぼ再現する理論計算が可能となっている．

[12] 水素分子の分子軌道は，2個の1s原子軌道からなる単純な構造をしているので，比較的容易に係数を決めることができる．しかし，同じ2原子分子でも，窒素分子や酸素分子など，s軌道のみならずp軌道も分子軌道に関与する場合は，係数の決定は容易ではない．

[13] 比例定数 C は，電子の存在確率を表す Ψ_+^2（または Ψ_-^2）を全空間で積分した値が1となる条件（空間中のどこかには必ず1個の電子が見出されるという条件）から求められる．この条件から C の値を求めることを規格化といい，得られた C の値を規格化因子という．

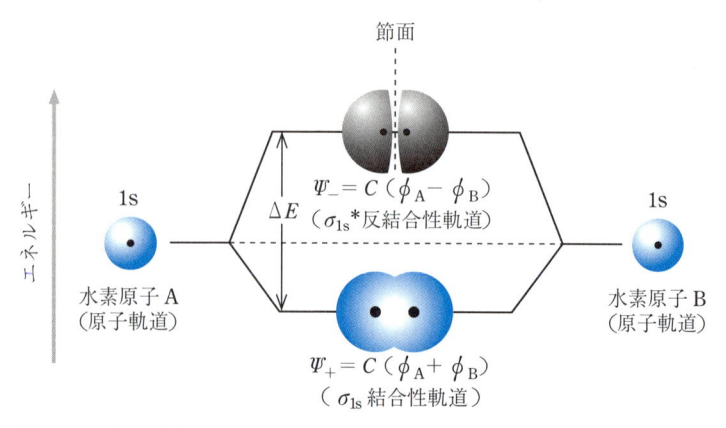

図5.7 2個の水素原子のそれぞれの1s原子軌道から，2つの分子軌道が形成されるようすを示した模式図．黒丸は水素原子核の位置を表す．

から構成されるため，両水素原子の中央付近ではそれぞれの軌道の位相が打ち消される．このように，Ψ_-軌道では原子を結ぶ軸に直交して電子密度ゼロの面（節面）が存在する．基底状態ではこの分子軌道に電子は存在しないが，外部からエネルギーを与えて電子がΨ_-軌道に入れば，原子間の電子密度が0となるので，水素原子間の結合は解離する．そのため，Ψ_-軌道は反結合性軌道（antibonding orbital）と呼ばれ，σ_{1s}^*軌道と表記される[14]．原子価結合理論では，このような反結合性軌道の概念はない．分子軌道理論では，結合性軌道と反結合性軌道が常に現れるため[15]，基底状態のみならず，励起状態に関する知見も得ることができる．事実，水素分子はσ_{1s}軌道とσ_{1s}^*軌道のエネルギー差（図5.7のΔEに相当）に相当する光（波長109nmの紫外線）を吸収することが実験的に確認されている．

5.3 化学結合の極性と水素結合

5.3.1 共有結合における極性と電気陰性度

5.1節および5.2節で，代表的な化学結合であるイオン結合と共有結合について述べた．しかし，化合物中では，完全な共有結合，またはイオン結合に分類される化学結合は少なく，2つの化学結合の中間的性格を帯びているものが多い（図5.8）．

ポーリングは，共有結合における部分的イオン性に着目し，極性（polarity）という概念を導入した．ポーリングは，両原子間の電気陰性度の差が大きければ大きいほど，共有電子対は電気陰性度の大きな原子の側に引き寄せられ，イオン結合的性格が強くなると考えた．その結果，電気陰性度の大きな原子側はわずかに負（$-\delta$）に，電気陰性度の小さな原子側はわずかに正に帯電（$+\delta$）する．すなわち，極性の大きな共有結合とは，イオン結合性の強い共有結合のことを指す．

さらに，ポーリングは極性の考えにもとづき，電気陰性度を次のような手順で求めた．A–B結合の結合エネルギー$B(A–B)$は，非極性の共有結合による寄与$B_{cv}(A–B)$と極性の寄与$B_p(A–B)$の和とみなすことができる．ポーリングは$B_p(A–B)$をイオン性共鳴エネルギーと呼び，共有結合にイオン結合性が加わることによる結合エネルギーの増加分に対応すると考えた．共有結合による寄与分を，A_2分子とB_2分子の結合エネルギーの平均値

$$B_{cv}(A–B) = \frac{1}{2}\{B(A–A)+B(B–B)\}$$

とすると，$B_p(A–B)$は，次式より求めることができる．

[14] 図5.7に示すようにΨ_-軌道には，節面が存在するが，この節面は原子を結ぶ軸を含んでいない．したがって，この軌道に由来する結合はπ結合ではなく，σ結合である．

[15] 分子によっては，結合性軌道と反結合性軌道の他に，非結合性軌道（non-bonding orbital）と呼ばれる軌道も存在する場合がある．結合に関与しない電子（たとえば非共有電子対など，6.1.1参照）は，この非結合性軌道に入る．

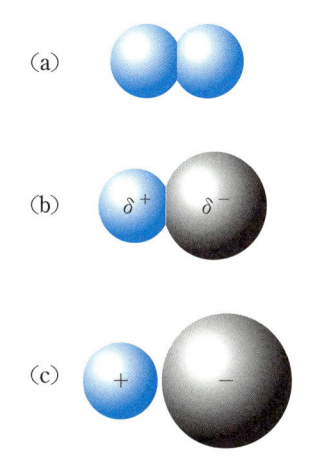

図5.8 さまざまな化学結合．(a) 完全な共有結合，(b) 極性をもった共有結合，(c) 完全なイオン結合

$$B_\mathrm{p}(\mathrm{A-B}) = B(\mathrm{A-B}) - \frac{1}{2}\{B(\mathrm{A-A}) + B(\mathrm{B-B})\}$$

ポーリングは，原子 A と原子 B の電気陰性度の差 $\Delta\chi(\mathrm{A-B})$ は，$B_\mathrm{p}(\mathrm{A-B})$ の平方根に比例すると考え，次式により $\Delta\chi(\mathrm{A-B})$ を定義した．

$$\Delta\chi(\mathrm{A-B}) = 0.102(B_\mathrm{p}(\mathrm{A-B}))^{1/2}$$

表 4.5 に示したポーリングの電気陰性度の値は，フッ素に 3.98 というもっとも大きな電気陰性度の値を割り当てて算出したものである．

5.3.2 水 素 結 合

水素は，フッ素，酸素，窒素などの電気陰性度の大きな原子と結合することで，極性の強い結合を形成する．その結果，HF，H_2O，NH_3 などの H–X（X = F, O, N）結合を有する分子中では，H 上に正の部分電荷，X 上に負の部分電荷が存在する．分子内に生じた正，負の部分電荷は，分子間において比較的強い静電引力を引き起こす．このような，水素原子とフッ素，酸素，窒素などの電気陰性度の大きな原子との間に働く分子間引力を**水素結合**（Hydrogen bond）と呼んでいる（図 5.9）．水素結合は，イオン結合や共有結合に比べて弱い結合であるが，水やタンパク質などの生体内分子の構造や性質を決めるうえで大きな役割を果たしている．

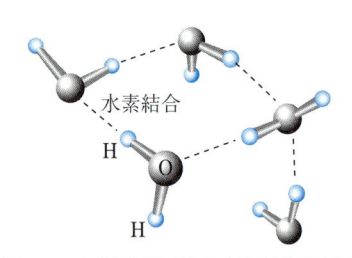

図 5.9 水分子間に働く水素結合の模式図．図中の大きい球が酸素原子，小さい球が水素原子，波線が水素結合を表す．

章末問題 5

1. MgO は NaCl と同じ 3 次元構造を有するイオン結晶であるが，MgO の融点は約 2800 °C と，NaCl よりも融点が約 2000 °C 高い．その理由を，イオン結合の観点から説明しなさい．
2. Cl_2 分子間で形成されている化学結合について説明しなさい．
3. H–H，O–H，S–H 結合を，極性の小さいものから順に並べなさい．
4. 常温常圧で NaCl は固体，HCl は気体として存在する．その理由を考察しなさい．
5. 同じ幾何学的構造を有する分子性液体の沸点は，一般に分子中の電子数の増大とともに増加する．HF と HCl はいずれも直線型分子であるが，この 2 種類の分子に関しては，電子数の少ない HF の方が，HCl よりも沸点が 100 °C 程度高い．その理由を説明しなさい．

分子構造と化学結合

6

本章では CH_4 や BH_3 などの多原子分子の構造や性質ついて学ぶ．第 5 章で述べた原子価結合理論は，多原子分子の電子分布や結合，構造を考えるうえでも有用な理論である．

ただし，原子価結合の概念をそのまま使って多原子分子の構造や結合を説明することは難しく，共鳴や混成などの新しい概念が必要となる．さらに本章では，分子構造を原子殻の電子反発にもとづいて説明するモデル（原子価殻電子対反発モデル）について学ぶ．

6.1 化学結合とルイス構造

6.1.1 ルイス構造

第 5 章で，隣り合った 2 個の原子がそれぞれ 1 個ずつ価電子を出し合い電子対を共有することで結合が形成されるという原子価結合理論を学んだ．共有される電子対が 1 対の場合を**単結合**（single bond），2 対の場合を **2 重結合**（double bond），3 対の場合を **3 重結合**（triple bond）という（図 6.1）．しかし，価電子のなかには直接結合に関与していない電子も存在する．共有されずに原子上に残っている価電子の対を**孤立電子対**（lone pair of electrons）または**非共有電子対**（unshared electron pair）という．また，対を形成せずに単独で原子上に残っている電子を**不対電子**（unpaired electron）という．

分子構造を**ルイス構造**（Lewis structure）によって表現すると分子の結合状態や分子の形を定性的に理解することができる．以下にルイス構造を求める手順を示す（図 6.2 参照）．

手順 1 ルイス構造中に描き入れる電子は価電子なので，まず，分子中の各原子の価電子の合計を計算する．

手順 2 隣接する 2 つの原子間で，1 対の電子対が単結合を形成するように電子を 2 個ずつ振り分ける．結合に関与する電子対は 1 本の線で表す．

手順 3 単結合に関与しない残りの価電子数を計算する．

手順 4 共有電子も含めて各原子の価電子の総数が 8 個（水素原子の場合は 2 個）となるように振り分ける．この規則を特に**オクテット則**[1]（octet rule）．振り分けられた電子を孤立電子対または多重結合として構造中に描きこむ．

A:B　または　A—B
単結合

A::B　または　A=B
二重結合

A:::B　または　A≡B
三重結合

図 6.1 単結合，二重結合と三重結合

[1] 八隅子則ともいう．ただし，オクテット則に従わない分子も存在する．BF_3 分子では，中心ホウ素原子は 6 電子しか有しない．一方，PCl_5 分子では，中心リン原子は 10 個の電子を有している．オクテット則に従わない分子については 6.2.2 項で考察する．

	手順1 全価電子数 を数える	手順2 原子間を単結合 で結ぶ	手順3 残りの価電子 を数える	手順4 オクテット則に基づき ルイス構造を完成させる
HF	8	H—F	6	H—F̈:
N_2	10	N—N	8	:N≡N:
O_2	12	O—O	10	:Ö=Ö:
NH_3	8	H—N—H 　　| 　　H	2	H—N̈—H 　　| 　　H
CF_4	32	F | F—C—F | F	24	:F̈: | :F̈—C—F̈: | :F̈:

図 6.2　種々の分子のルイス構造

例題 6.1　以下の分子またはイオンのルイス構造を書きなさい．
(a) H_2O　　(b) CO　　(c) NO^+

解答　(a) H—Ö—H　　(b) :C≡O:　　(c) $[:N≡O:]^+$

6.1.2　共　鳴

次に，分子の構造が複数のルイス構造で表現できる場合を考えよう．たとえば，SO_3分子は以下の3通りのルイス構造 A, B, C で表記することができる．

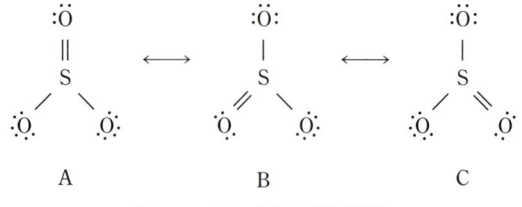

図 6.3　SO_3分子の共鳴構造

この表記では，結合距離の等しい2本の S–O 結合（単結合）と結合距離がより短い1本の S–O 結合（2重結合）が存在することになる．しかし，実験から求められた SO_3 分子 S–O 結合距離はすべて等しく，ルイス構造と矛盾する．この不都合を克服するために導入されたのが共鳴（resonance）の概念である．すなわち，実在の SO_3 分子は，A, B, C で書かれた構造の重ね合わせ，あるいは平均化構造であると考える．異なるルイス構造間で共鳴していることを示す場合，図

6.3のように，⟵⟶記号が用いられる．ただし，⟵⟶記号は，SO_3分子の構造が構造 A, B, C を振り子のように行ったり来たりすることを意味しているのではない．実在の SO_3 分子の構造は，A, B, C のどれでもなく，それらを重ね合わせた共鳴混成体（resonance hybrid）と呼ばれる平均化構造である．共鳴混成体をルイス構造で書くことができないが，定性的理解のため結合手の部分のみを図示すると図 6.4 のようになる．点線で表示された結合に関与する電子は，分子全体に広がって存在している．このような電子分布の広がりを電子の非局在化（delocalization）という．図 6.4 から，SO_3 分子中の 3 本の S–O 結合はすべて等価であり，かつ，単結合と二重結合との中間的な結合次数および結合距離をもつことが理解できるであろう．

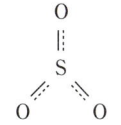

図 6.4 SO_3 分子の共鳴混成体の模式図

6.2 混　成

6.2.1 混成とは何か

これまで，分子の化学結合を主に原子価結合理論の立場から考察してきた．しかし，原子価結合理論では結合様式や構造が説明できない分子も存在する．その例として，炭素やベリリウムの化合物があげられる．炭素原子の基底状態の電子配置は $(1s)^2(2s)^2(2p_x)^1(2p_y)^1$ である．炭素原子と水素原子の間で価電子を 1 個ずつ出し合って共有結合を形成すると，$2p_x$ 軌道と $2p_y$ 軌道は直交するので，結合角が 90°の CH_2 分子の形成が期待される．しかし，実際は正四面体型の CH_4（メタン）分子がもっとも安定である．また，ベリリウムの基底状態の電子配置は $(1s)^2(2s)^2$ であるから，原子価結合理論からは結合の生成は期待できない．しかし，実際には 2 本の Be–H 結合を有する直線型 BeH_2 分子の存在が確認されている．このような実験と原子価結合理論との不一致を解消するために提案されたのが混成（hybridization）という概念である．混成モデルでは，同一原子内の複数の原子軌道の混じり合いにより，元の原子軌道とは形も方向もまったく異なる新しい原子軌道（混成原子軌道）が生じると考える．

6.2.2 sp 混成軌道

混成軌道の例として，まず，1 つの s 軌道と 1 つの p 軌道から生じた sp 混成軌道を考えよう．異なる原子軌道の混じり合いにより新しい軌道（混成軌道）ができるという考えは，5.2.3 項で述べた複数の原子軌道の足し合わせから分子軌道ができるという考えと類似している．分子軌道との類推から，1 つの s 軌道と 1 つの p 軌道の組み合わせにより，2 つの sp 混成軌道が生じると考える[2]．

$$\text{sp 混成軌道 1} \quad : \quad \phi_1 = \phi_s + \phi_p,$$

[2] 5.2.3 項で述べたように，N 個の原子軌道の線形結合（組み合わせ）により，N 個の分子軌道が得られる．

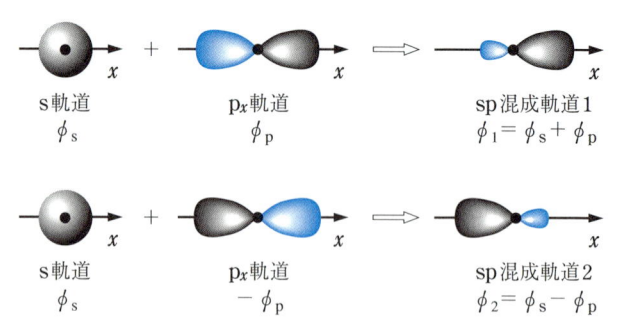

図6.5 sp混成軌道の形成の様子．黒丸は原子核の位置を示す．

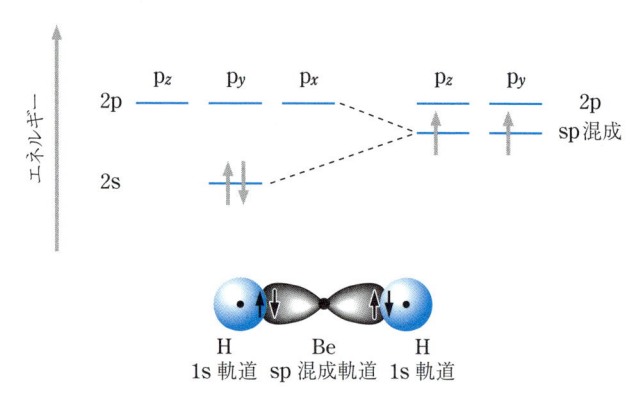

図6.6 Beの2s軌道，2p軌道，sp混成軌道のエネルギー準位図とsp混成軌道によって形成されたBeH$_2$分子の模式図

$$\text{sp混成軌道2} : \phi_2 = \phi_s - \phi_p$$

ここで，規格化因子は省略している．s軌道とp$_x$軌道の混成により2つ混成軌道ができるようすを図6.5に示す．2つの混成軌道は，形状がまったく同じで，軌道の方向が互いに逆向きであるにすぎない．したがって，2つの混成軌道は同じエネルギー準位を占める．

図6.6にベリリウムのsp混成軌道を示す．それぞれのsp混成軌道には電子が1個ずつ充填されるので[3]，原子価結合理論を適用すると，等価な2本のBe–H結合を有する直線型BeH$_2$分子の形成が説明できる．

それでは，どのような場合に混成軌道が生じるのであろうか．Be原子の場合，2つのsp混成軌道に1個ずつ電子が入った状態は，Be原子の基底状態の電子配置(2s)^{2}よりもエネルギーの高い状態にある．したがって，sp混成軌道の形成自体は，エネルギー的には不利である．しかし，sp混成軌道を利用してBe–H間で結合が生じると，結合生成によるエネルギーの安定化がもたらされる．その安定化の効果が，sp混成軌道の形成によるエネルギーの損失の効果を上回れば，結果としてエネルギーの利得が得られることになる．このようにして，混成軌道の形成に伴う化学結合の形成が理解できる．

---

[3] 一方のsp混成軌道に2つ電子が入らないのは，3.3.3項で述べたフントの規則による．

6.2.3 その他の混成軌道

sp 混成軌道を含む．代表的な混成軌道を表 6.1 にまとめる．

表 6.1 混成軌道の構成と性質

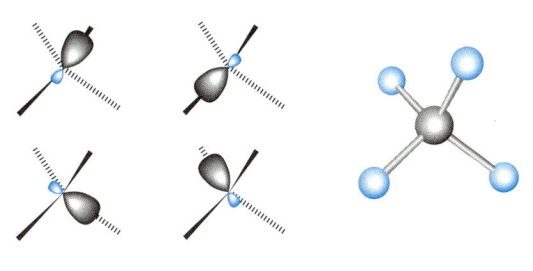

混成軌道	混成軌道の数	混成軌道の形	混成軌道間の角度	例
sp	2	直線形	180°	BeH_2, $HgCl_2$
sp^2	3	三角形	120°	BH_3, BF_3
sp^3	4	正四面体形	109.5°	CH_4, NH_4^+
sp^3d	5	三方両錐形	90°, 120°	PCl_5
sp^3d^2	6	八面体形	90°	SF_6

図 6.7 4 つの sp^3 混成軌道と CH_4 分子の模式図

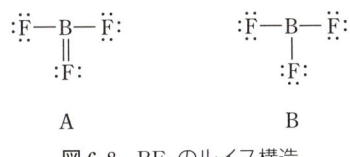

図 6.8 BF_3 のルイス構造

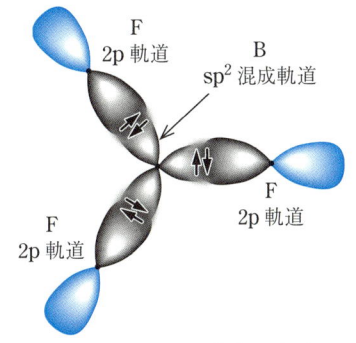

図 6.9 B の sp^2 混成軌道と F の 2p 軌道の重なりによって，BF_3 分子が形成されるようす．

sp^3 混成軌道は，炭化水素化合物中の炭素の 4 配位結合を説明する代表的な混成軌道である．sp^3 混成軌道は正四面体構造をとるので，4 つの等価な軌道の結合角は 109.5° である（図 6.7）．この構造は，実際の CH_4 分子の構造と一致する．

また，混成軌道を用いると，オクテット則に従わない分子の構造も理解することができる．たとえば，6.1.1 項で説明した手順に従って BF_3 分子のルイス構造を書くと（図 6.8），2 本の単結合と 1 本の二重結合からなる構造 A になる．しかし，BF_3 分子は 120° の結合角をもつ等価な B–F 結合を有する平面 3 角形構造であることが実験的にわかっている．したがって，BF_3 のルイス構造は，図 6.8 の構造 B のように表す方が適切である．構造 B は，中心ホウ素原子が sp^2 混成軌道を形成し，3 つのフッ素原子と共有結合することで形成される（図 6.9）．この結果は，オクテット則を満たすよりも，中心ホウ素原子が sp^2 混成軌道を形成して，B–F 間がすべて等価な単結合となる方がエネルギー的に有利になることを示している．

6.2 混成

6.3 分子の形状

6.3.1 分子形状の分類

分子の形状は，その幾何学形状に応じて，折れ線形，平面三角形，四面体形などに分類される（図 6.10）．

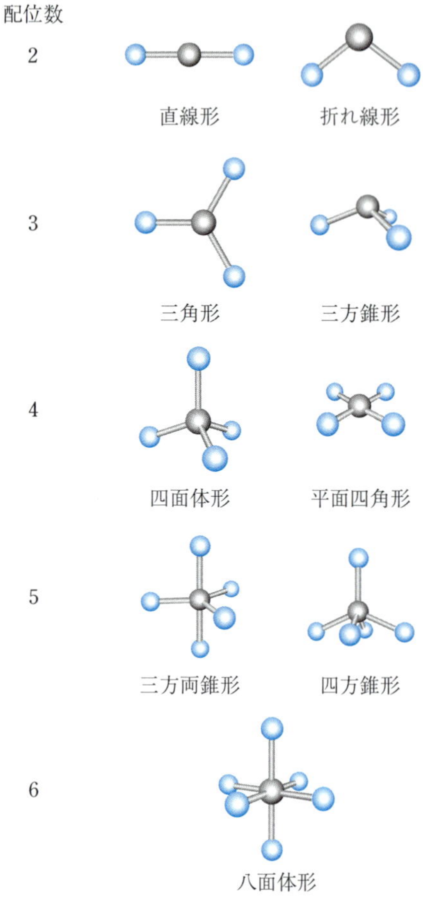

分子がどのような形状をとるかは，中心原子の電子状態によって決まる．ルイス構造で分子の構造が記述できる場合は，次項で説明する原子価殻電子対反発モデルによってその形状をほぼ推定できる．

6.3.2 原子価殻電子対反発モデル

原子価殻電子対反発モデル（valence-shell electron pair repulsion model）は，分子の形状が，中心原子の原子価殻にある電子間の反発相互作用によって決まると考えるモデルで，その頭文字をとって VSEPR モデルとも呼ばれる．中心原子が p-ブロック原子で，かつ中心原子のまわりの電子対が局在化している分子（すなわち，ルイス構造によって分子構造が記述できる分子）に対して VSEPR モデルを適用することができる．以下に，VSEPR モデルにより分子形状を推定する手順を示す．

手順1 分子のルイス構造を描き，中心原子の周囲に局在して存在する電子対が共有結合を形成する電子対か，あるいは共有結合に関与しない非共有電子対であるかを調べる．

手順2 電子対（結合性，非結合性のもの含めて）が中心原子の周囲にいくつあるかによって，まず分子の概形を推定する．

電子対	2	直線形
電子対	3	三角形
電子対	4	四面体
電子対	5	三方両錐形
電子対	6	八面体形

非共有電子対の方が共有電子対よりも電子雲の広がりが大きいので，電子対間の反発の効果も大きい（図 6.11 参照）．したがって，電子対間の反発は以下の順で減少する．

非共有電子対−非共有電子対 ＞ 非共有電子対−結合電子対 ＞ 結合電子対−結合電子対

また，中心原子が単結合と多重結合をもつ場合は，結合電子対間の電子対反発は以下の順で減少する．

三重結合−単結合 ＞ 二重結合−単結合 ＞ 単結合−単結合

このような電子対間の反発を考慮して，非共有電子対も含めた分子形状を推定する．

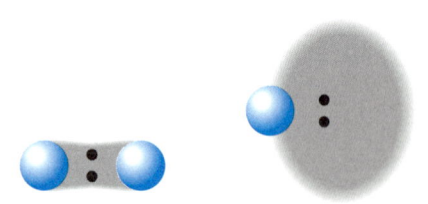

手順3 最後に，非共有電子対を除いた原子の配置を考慮し，分子形

配位数別の代表的な分子形状：

- 2: 直線形，折れ線形
- 3: 三角形，三方錐形
- 4: 四面体形，平面四角形
- 5: 三方両錐形，四方錐形
- 6: 八面体形

図 6.10 各配位数における代表的な分子形状

(a) 共有電子対　(b) 非共有電子対

図 6.11 電子対における電子雲の広がりの模式図．

	H H−C−H H	H−N̈−H H	H−Ö−H
結合電子対の数	4	3	2
非共有電子対の数	0	1	2

図 6.12 CH_4, NH_3, H_2O のルイス構造

状を決定する．

それでは，VSEPR モデルにもとづき CH_4 分子，NH_3 分子および H_2O 分子の形状を推定してみよう．これらのルイス構造は図 6.12 のように書くことができる．いずれの分子も，中心原子のまわりに 4 つの電子対があるので，非共有電子対も含めた分子形状は四面体である．原子の配置を考慮すると，CH_4 は等価な 4 本の C–H 結合からなる正四面体形，NH_3 は三方錐形，H_2O は折れ線形となる（図 6.13）．しかし，結合電子対と非共有電子対の両方をもつ NH_3，H_2O では，非共有電子対も含めた分子の形状は正四面体構造からわずかに歪んでいる．

このように，VSEPR モデルは，分子の形状を予測する上で有益な指針を与える．ただし，VSEPR モデルは，d-ブロック元素を含む化合物には必ずしも適用できない．d-ブロック元素を含む化合物の形状に関しては，第 7 章で議論する．

四面体形　　四面体形　　四面体形

正四面体形　　三方錐形　　折れ線形

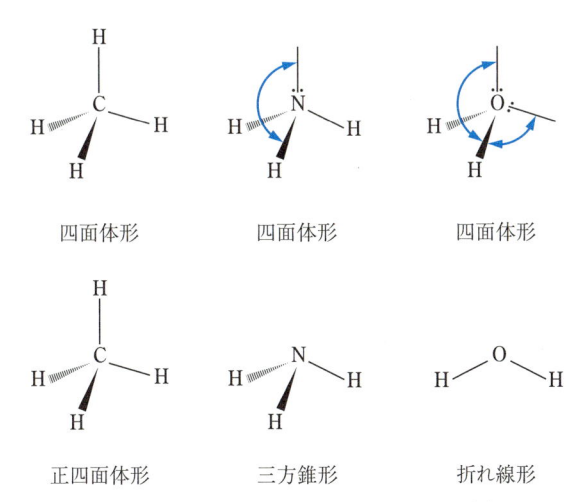

図 6.13 VSEPR モデルによる分子形状の決定．
上図：非共有電子対を含めた分子形状（矢印は結合電子対−非共有電子対間の反発を表す）下図：原子の配置による分子形状

6.3 分子の形状

例題 6.2 VSEPR モデルにもとづき，以下の分子の形状を推定しなさい．

(a) SF_6 (b) PCl_5 (c) SO_3^{2-}

解答 (a) SF_6 のルイス構造から，S を中心として 6 本の単結合があることがわかる．したがって，この分子は八面体形をとる．

$$
\begin{array}{c}
:\ddot{F}: \quad :\ddot{F}: \\
\backslash \quad / \\
:\ddot{F} - S - \ddot{F}: \\
/ \quad \backslash \\
:\ddot{F}: \quad :\ddot{F}:
\end{array}
$$

(b) PCl_5 のルイス構造から P を中心として 5 本の単結合があることがわかる．したがって，この分子は三方両錐形をとる．

$$
\begin{array}{c}
:\ddot{Cl}: \\
:\ddot{Cl}: \diagdown \mid \\
 P - \ddot{Cl}: \\
:\ddot{Cl}: \diagup \mid \\
:\ddot{Cl}:
\end{array}
$$

(c) SO_3^{2-} のルイス構造は下図のような共鳴構造で記述できる．いずれの構造も，中心の S 原子は 1 つの非共有電子対をもち，3 つの S 原子と結合しているので，この分子の非共有電子対を含めた形状は四面体である．したがって，分子形状は三方錐形となる．

$$
\left[\begin{array}{c} :\ddot{O} - \ddot{S} - \ddot{O}: \\ \mid \\ :\ddot{O}: \end{array} \right]^{2-} \longleftrightarrow \left[\begin{array}{c} :\ddot{O} - \ddot{S} - \ddot{O}: \\ \| \\ :\ddot{O}: \end{array} \right]^{2-}
$$

6.3.3 分子の形状と双極子モーメント

第 5 章で述べたように，2 原子分子を構成する原子間で電気陰性度に差があれば $-\delta$ と $+\delta$ に帯電した原子の対が生じる．電荷の大きさ δ と正負電荷間の距離の積で定義される物理量を，**双極子モーメント**という．ここでは，多原子分子の形状と双極子モーメントの関係について考えよう．

分子内の個々の結合に双極子（正負に帯電した原子対）が存在する場合でも，多原子分子全体として双極子を有するとは限らない．たとえば，6.2.2 項で述べた直線形分子 BeH_2 の場合を考えよう．電気陰性度はベリリウムより水素の方が大きいので，各 Be–H 結合には，図 6.14 に示すような正の部分電荷をもつベリリウムから負の部分電荷をもつ水素に向かう 2 つの双極子のベクトルが存在する[4]．しかし，これらの双極子のベクトルは，大きさが等しく，向きが逆なので打ち消し合い，その結果，分子全体としては双極子が存在しない．平面三角形構造をとる BCl_3 や正四面体構造の CH_4 の双極子の喪失も，

[4] 負の部分電荷から正の部分電荷に向かう方向を双極子ベクトルの方向とする場合もある．

同様に説明できる[5)].

一方，折れ線形の H_2O の場合は，水素から酸素に向かう 2 つの双極子ベクトルは一直線上にないので，図 6.14 に示すような双極子モーメントが発生する．

三方錐形の NH_3 の場合も，その形状から底面三角形の重心から窒素原子に向かう方向に双極子が存在すると予想される．実験からも，この方向の双極子モーメントの存在が確認されている．しかし，実測された双極子モーメントの大きさは，単純に水素と窒素原子の電気陰性度の差から見積もられた 3 つの双極子のベクトルの和より大きい．この結果は，結合原子間に生じる極性効果だけでなく，窒素原子上の非共有電子対も双極子モーメントに寄与していることを示している．

[5)] このように，中心原子に対して等しい結合距離，結合角を有する分子（反転対称を有する分子）では，各結合からの双極子のベクトルが打ち消される．

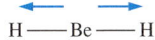

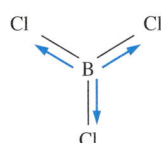

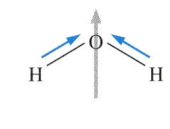

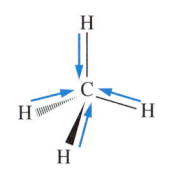

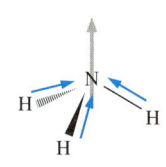

双極子モーメントがない分子
（反転対称を有する分子）

双極子モーメントがある分子

図 6.14 多原子分子の双極子モーメント．青色矢印は，各結合内に誘起される局所的な双極子モーメント，実線灰色矢印が分子全体の双極子モーメントを表す．

章末問題 6

1. 次の分子またはイオンのルイス構造を書きなさい（以下の分子，イオンはオクテット則に従う）．また，VSEPR モデルにもとづきその形状を推定しなさい．
   (a) HCN (b) NH_4^+ (c) CO_2 (d) HBr

2. 次の分子またはイオンのルイス構造を書きなさい（以下の分子，イオンはオクテット則に従わない）．また，VSEPR モデルにもとづきその形状を推定しなさい．
   (a) PF_5 (b) Br_3^- (c) XeF_4

3. 次の分子またはイオンのルイス構造を書きなさい．ただし，共鳴構造がある場合は考えられるすべての共鳴構造を書きなさい．また，VSEPR モデルにもとづきその形状を推定しなさい．
   (a) NO_2^- (b) N_2O_4 (c) OCN^-

4. 次の分子の形状を VSEPR モデルにもとづき推定しなさい．また，双極子モーメントを有する分子はどれか，答えなさい．
   (a) OCl_2 (b) SeF_4 (c) IF_3 (d) IF_5

5. ルイス構造が，次のように書かれるイオン中に含まれる第 3 周期中の未知元素 X を推定しなさい．また，VSEPR モデルにもとづきそのイオンの形状を推定しなさい．

$$\left[\begin{array}{c} :\ddot{O}-\ddot{X}-\ddot{O}: \\ | \\ :\ddot{O}: \end{array} \right]^-$$

7 配位化合物

本章では，配位化合物の構造と結合状態について学ぶ．配位化合物には，中心金属として d-ブロック元素を含むものが多く，またその d 軌道中には不対電子が存在する場合もある．このような配位化合物の構造と電子状態は，これまで述べてきた原子価結合理論では十分に説明できない．本章では，結晶場理論という別の理論も適用して，配位化合物に関する理解を深める．

7.1 錯体の構造と命名法

7.1.1 錯体と配位子

図 7.1 のように，1 個の中心金属イオンと**配位子**[1]（ligand）によって形成された構造体を**錯体**（complex）という．金属イオンを取り囲んでいるイオンまたは分子を配位子と呼ぶ．配位子は非共有電子対をもち，中心金属イオンに電子対を供与することで安定な結合（**配位結合**）を形成している．電荷を有する錯体を特に**錯イオン**（complex ion）と呼んでいる．**配位化合物**（coordination compound）とは，構造中に錯体を含む化合物の総称であり，錯イオンと**対イオン**（counterion）から構成されるものが多い．たとえば $[Co(NH_3)_5Cl]Cl_2$ では，$[Co(NH_3)_5Cl]^{2+}$ が錯イオン，2 個の Cl^- イオンが対イオンである．

[1] ligand とは，ラテン語の 'つなぎあわせる' という意味の 'ligare' に由来する．

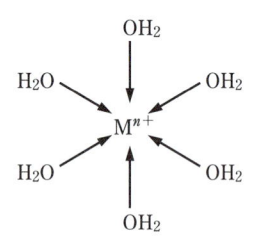

図 7.1 錯体の模式図．中心金属（M^{n+}）の周囲を配位子（H_2O）が取り囲むことで錯体が形成される．矢印は，配位子―金属間の配位結合を表す．

7.1.2 配位数

錯体の幾何学的形状は 6 章で述べた分子の形状と類似している．錯体に関しては，とりわけ，直線形 2 配位構造，正四面体 4 配位構造，平面四角形 4 配位構造，正八面体 6 配位構造が重要である（図 7.2）．ただし，VSEPR 理論からは予想できない平面五角形 5 配位構造や正三角柱 6 配位構造をもつ錯体も存在する．中心金属イオンが不対電子をもつことが多く，また，配位子の立体構造による制約もあるので，一般に錯体の構造を化学式だけから推定することは難しい．

代表的な金属イオンの配位数を表 7.1 に示す．金属イオンは，配位子の種類により，異なる配位数や形状をとる．たとえば，Ni^{2+} は同じ 4 配位構造でも配位子が Cl^- の場合は正四面体，CN^- の場合は平面四角形構造となる．

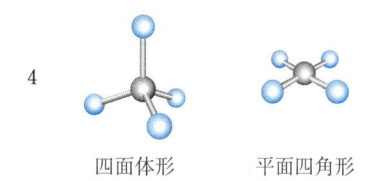

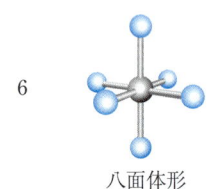

配位数
- 2 直線形
- 4 四面体形，平面四角形
- 6 八面体形

図 7.2 代表的な錯体の配位構造

表7.1 錯体を構成する代表的金属イオンとその典型的配位数

1価	配位数	2価	配位数	3価	配位数
Cu^+	2, 4	Co^{2+}	4, 5, 6	Co^{3+}	6
Ag^+	2	Cu^{2+}	4, 5, 6	Cr^{3+}	6
Au^+	2, 4	Ni^{2+}	4, 5, 6	Fe^{3+}	6
		Fe^{2+}	4, 6	Ti^{3+}	6
		Mn^{2+}	4, 6	Au^{3+}	4
		Zn^{2+}	4, 6		
		Pt^{2+}	4, 6		

7.1.3 配位子の種類

表7.2に代表的な配位子とその名称を略号とともに示す．金属原子との結合点の数により，配位子は**単座配位子**（monodentate ligand または unidentate ligand）と**二座配位子**（bidentate ligand）に大別される．単座配位子とは，電子対供与原子を1つしかもたない配位子（中心金属と1点で結合）であり，二座配位子とは，電子対供与原子を2個有する配位子（中心金属と2点で結合可能）である．一般に，電子対供与原子を複数個有する配位子を，**多座配位子**（polydentate ligand）と呼んでいる．

表7.2 代表的配位子

IUPAC名	一般名	化学式（略号がある場合は（　）内に記す）太字は配位原子
フルオロ	フルオロ	$\mathbf{F}^-$
クロロ	クロロ	$\mathbf{Cl}^-$
ブロモ	ブロモ	$\mathbf{Br}^-$
ヨード	ヨード	$\mathbf{I}^-$
シアノ	シアノ	$\mathbf{CN}^-$
チオシアナト–S（Sで結合）	チオシアノ	$\mathbf{S}CN^-$
チオシアナト–N（Nで結合）	イソチオシアノ	$\mathbf{N}CS^-$
ヒドロキソ	ヒドロキソ	$\mathbf{O}H^-$
アクア	アクア	$H_2\mathbf{O}$
カルボニル	カルボニル	$\mathbf{C}O$
ニトリト–N（Nで結合）	ニトロ	$\mathbf{N}O_2^-$
ニトリト–O（Oで結合）	ニトリト	$\mathbf{O}NO^-$
アンミン	アンミン	$\mathbf{N}H_3$
メチルアミン	メチルアミン	$CH_3\mathbf{N}H_2$（$MeNH_2$）
1,2-エタンジアミン	エチレンジアミン	$\mathbf{N}H_2CH_2CH_2\mathbf{N}H_2$（en）
2,4-ペンタンジオノ	アセチルアセトナト	$CH_3C\mathbf{O}CHC\mathbf{O}CH_3^-$（acac）
2,2′-ビピリジル	2,2′-ビピリジン	$C_5H_4\mathbf{N}-C_5H_4\mathbf{N}$（bipy）
1,2-エタンジイル（ジニトリロ）テトラアセタト	エチレンジアミンテトラアセタト	$(^-OOCCH_2)_2\mathbf{N}CH_2CH_2\mathbf{N}(CH_2COO^-)_2$（EDTA）

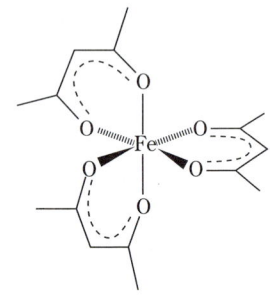

図 7.3 [Fe(acac)₃] の模式図

多座配位子が中心金属イオンに多点で配位した環状の錯体を**キレート**（chelate）と呼ぶ．Fe^{3+} イオンにアセチルアセトナトアニオン $[CH_3COCHCOCH_3]^-$（acac）（二座配位子）が3個結合してできたキレートの例を図 7.3 に示す．

1つの配位子の中に金属と1点で結合しうる電子対供与原子を2つ以上もつ配位子を**両座配位子**（ambidentate ligand）と呼ぶ[2]．NCS^- は代表的な両座配位子であり，金属に配位する原子が N 原子か S 原子かによって，チオシアナト–N，チオシアナト–S と呼んで区別している．

7.1.4 表記法と命名法

錯体の表記と命名は次の規則に従う[3]．

(1) 化合物中の錯体の部分を [ ] で囲む．まず，中心金属原子を最初に書き，そのあとに配位子を続ける．

(2) 配位子を先に，次に中心金属の順で命名する．同種の配位子の数は，以下の接頭語を使って表す．もし，配位子の名称がこれらの接頭語を含む場合や，これらの接頭語を使うと意味が不明瞭になる場合は，( ) で仕切り2列目に示した接頭語を使う．

2	di	ジ	bis	ビス
3	tri	トリ	tris	トリス
4	tetra	テトラ	tetrakis	テトラキス
5	penta	ペンタ	pentakis	ペンタキス
6	hexa	ヘキサ	hexakis	ヘキサキス
7	hepta	ヘプタ	heptakis	ヘプタキス
8	octa	オクタ	octakis	オクタキス
9	nona	ノナ	nonakis	ノナキス
10	deca	デカ	decakis	デカキス

(3) 配位子は，アルファベット順に命名する．ただし，このとき (2) の接頭語は考慮しない．

(4) 配位子のあとに中心金属名を記すとともに金属イオンの酸化数をローマ数字で ( ) 内に記す[4]．錯体全体がアニオンの場合は，ヘキサシアノ鉄(II)酸イオン $[Fe(CN)_6]^{4-}$ ように，語尾に「─酸イオン」をつける．

(5) 2つの金属イオン間を配位子が架橋している場合は接頭語 μ– をつける．

例： $[Cr(CN)_6]^{3-}$　　ヘキサシアノクロム(III)酸イオン
　　$[Pt(Cl)_2(NH_3)_4]^{2+}$　テトラアンミンジクロロ白金(IV)イオン

---

[2] 二座配位子と両座配位子とを混同しないように．二座配位子は，錯体の中心元素と2点で結合可能である．両座配位子には，金属と配位可能な原子は2つ以上あるが，それらの原子が**同時に金属と配位することはできない**．すなわち，両座配位子は単座配位子である．

[3] 「国際純正および応用化学連合（IUPAC）」制定の命名法規則をもとに説明する．日本語名に関しては，日本化学会が作成した化合物命名法による．

[4] ( ) に酸化数をローマ数字で表す表記法は，Stock 方式と呼ばれる．( ) に配位圏の電荷をアラビア数字で表す Ewing-Bassett 方式と呼ばれる表記法もある．$[Pt(Cl)_4]^{2-}$ を2つの表記法で表すと以下のようになる．
Stock 方式：テトラクロロ白金(II)酸イオン
Ewing-Bassett 方式：テトラクロロ白金(2−)酸イオン

[Co(Cl)₂(en)₂]⁺　　　ジクロロビス（エチレンジアミン）コバルト（III）イオン

[(NH₃)₅Cr-OH-Cr(NH₃)₅]⁵⁺　μ-ヒドロキソ-ビス（ペンタアンミン）クロム（III）イオン

例題 7.1 以下の錯体の名称を書きなさい．
(a) [Co(NH₃)₆]³⁺　　(b) [Cr(edta)]⁻　　(c) [Co(en)₃]²⁺

解答 (a) ヘキサアンミンコバルト（III）イオン
(b) エチレンジアミンテトラアセタトクロム（III）酸イオン
(c) トリス（エチレンジアミン）コバルト（II）イオン

7.2 異性体

図 7.4 は，異性体をその結合様式に基づいて分類したものである．互いに鏡像関係にある異性体を**鏡像異性体**（enantiomer，エナンチオマー）といい，そうでないものを**ジアステレオマー**（diastereomer）という．異性体の数は，配位数の増加とともに増える．本項では，平面四角形錯体，四面体錯体，八面体錯体を中心に説明する．なお，以下の化学式では，中心金属を M，配位子を A, B, C, …の記号で表す．

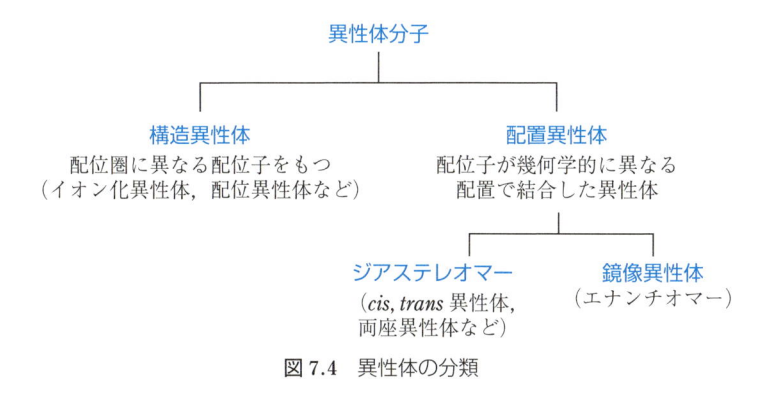

```
                     異性体分子
                    /        \
          構造異性体           配置異性体
   配位圏に異なる配位子をもつ    配位子が幾何学的に異なる
  （イオン化異性体，配位異性体など）  配置で結合した異性体
                              /         \
                   ジアステレオマー    鏡像異性体
                   (cis, trans 異性体,  （エナンチオマー）
                    両座異性体など)
```

図 7.4 異性体の分類

7.2.1 四面体錯体

図 7.5 に示すように，四面体錯体 [MABCD]，[M(AB)₂] は 1 対の鏡像異性体（エナンチオマー）を形成する [(AB) は異なる末端を有する二座配位子を表す]．これらの異性体は，その錯体自身と鏡像を重ね合わせることができない．このような錯体を**キラル**（chiral）錯体という．

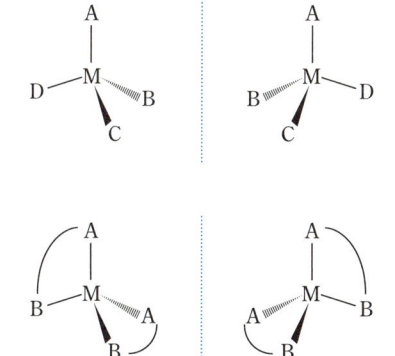

7.2.2 平面四角形錯体

平面四角形錯体では，化学式 [MA₂B₂]，[MA₂BC]，[M(AB)₂] の錯体に cis および trans 異性体が存在する（図 7.6）．平面四角形錯体には鏡像異性体はない．

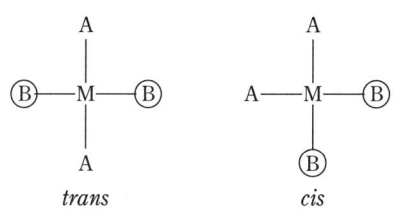

図 7.5 四面体錯体の鏡像異性体（エナンチオマー）（[MABCD] と [M(AB)₂]）

図 7.6 平面四角形錯体の cis, trans 異性体の例（[MA₂B₂]）

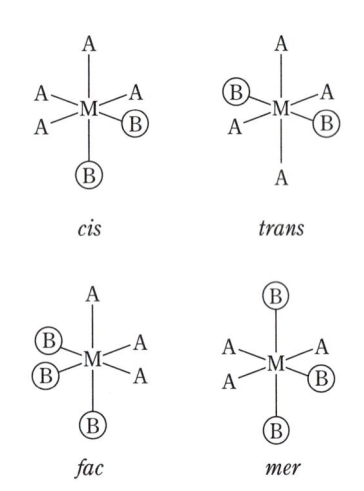

7.2.3 八面体錯体

6配位の八面体錯体には，4配位錯体よりもさらに多くの異性体が存在する（図7.7）．錯体 [MA$_4$B$_2$] には，2つの配位子Bの位置関係の違いによりシスおよびトランス異性体が存在する．化学式 [MA$_3$B$_3$] の錯体には，*fac* [facial（面の意）の略] や *mer* [meridional（子午線の意）の略] と呼ばれる2つの異性体がある．*fac* 異性体は，同種の3つの配位子AまたはBが，八面体の1つの三角形の角を占めるように隣接した配置をとっている．一方，*mer* 異性体では，3つの配位子Aがつくる面と，3つの配位子Bがつくる面が直交する．

化学式 [MA$_2$B$_2$C$_2$] の錯体では，4つのキラルでない異性体（ジアステレオマー）と，1対のキラル錯体が存在する（図7.8）．同一の配位子が互いにシスの位置関係にあるときはキラルな異性体となり，鏡像異性体が生じる．同様の鏡像異性体は，多座配位子によっても形成可能である．

さらに複雑な化学式をもつ場合（たとえば [MA$_2$B$_2$CD] や [MA$_2$B$_3$C]）では，*mer* 体と *cis* 体をあわせもつような異性体も存在する．

図7.7 八面体錯体の *cis*, *trans* 異性体（[MA$_4$B$_2$]）および *fac*, *mer* 異性体（[MA$_3$B$_3$]）の例

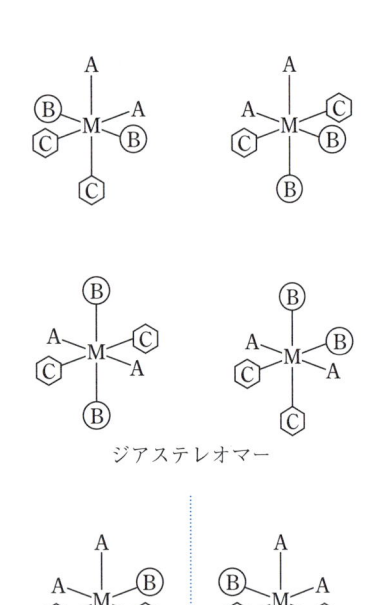

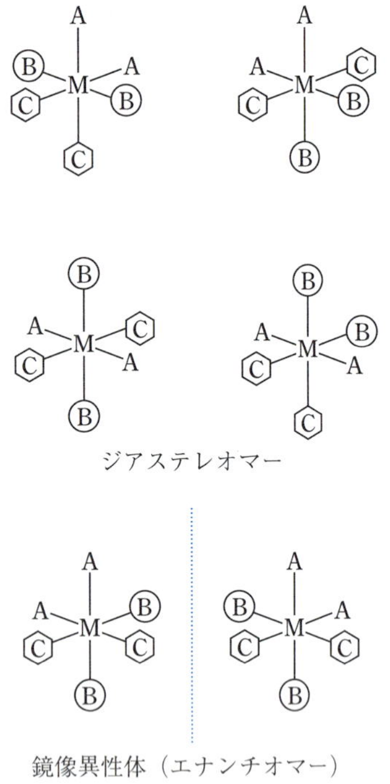

7.2.4 その他の異性体

以上述べた異性体の他，錯体の配位数，構造によらない異性体として，**イオン化異性体**（ionization isomer），**配位異性体**（coordination isomer），**両座異性体**（ambidendate isomer）がある．

同一組成であるが，配位子と対イオンが入れ替わっている配位化合物をイオン化異性体という．イオン化異性体の例として，[Co(NO$_3$)(NH$_3$)$_5$]SO$_4$ と [Co(SO$_4$)(NH$_3$)$_5$]NO$_3$ があげられる．これらは溶液中で異なったイオンを生じる異性体である．

配位異性体とは，全体として同じ化学式をもつ配位化合物である．たとえば，[Cu(NH$_3$)$_4$][PtCl$_4$] と [Pt(NH$_3$)$_4$][CuCl$_4$] のように配位化合物中のカチオンとアニオンの両方が錯体から構成されている場合に見られる．

両座異性体は，7.1.3項で述べた両座配位子（たとえばNCS$^-$）を有する異性体で，同一の配位子が違う原子によって金属と結合した異性体である．両座異性体は**結合異性体**（linkage isomer）とも呼ばれる．

図7.8 化学式 [MA$_2$B$_2$C$_2$] で表される八面体錯体の種々の異性体

（ジアステレオマー）
（鏡像異性体（エナンチオマー））

7.3 d金属錯体の電子構造

7.3.1 原子価結合理論の限界

p-ブロック元素を中心にもつ化合物は，原子価結合理論や混成軌道の概念でその形状や電子構造が理解できることを第6章で述べた．それに対して，d-ブロック元素を中心金属とする錯体は，中心金属

の混成軌道と配位子との局在電子対生成（VSEPRモデル）のみで結合状態や配位状態を説明することは難しい．

そこで本項では，d金属錯体の電子状態や構造を説明するために提案された理論の1つである**結晶場理論**（crystal-field theory）について述べる．

7.3.2 d-ブロック原子の電子配置

結晶場理論や配位子場理論を説明する前に，d-ブロック原子とそのカチオンの電子配置について述べておこう．

原子番号19のカリウムから原子番号30の亜鉛の基底状態の電子配置を右に記す．ここで，[Ar]はアルゴン原子の基底状態の電子配置を意味する．

$(3d)^4$ や $(3d)^9$ などの電子配置がないのは，4s軌道の電子を1つ使って，3d軌道を半閉殻構造 $(3d)^5$ や閉殻構造 $(3d)^{10}$ とする方がエネルギー的に安定だからである．これらの元素から n 価のカチオンが生じるとき，まず4s軌道，次に，3d軌道の電子がはずれる．たとえば，Fe^{2+}，Fe^{3+} の電子配置は，それぞれ，$[Ar](3d)^6$，$[Ar](3d)^5$ である．

$_{19}K$	$[Ar](4s)^1$
$_{20}Ca$	$[Ar](4s)^2$
$_{21}Sc$	$[Ar](4s)^2(3d)^1$
$_{22}Ti$	$[Ar](4s)^2(3d)^2$
$_{23}V$	$[Ar](4s)^2(3d)^3$
$_{24}Cr$	$[Ar](4s)^1(3d)^5$
$_{25}Mn$	$[Ar](4s)^2(3d)^5$
$_{26}Fe$	$[Ar](4s)^2(3d)^6$
$_{27}Co$	$[Ar](4s)^2(3d)^7$
$_{28}Ni$	$[Ar](4s)^2(3d)^8$
$_{29}Cu$	$[Ar](4s)^1(3d)^{10}$
$_{30}Zn$	$[Ar](4s)^2(3d)^{10}$

例題 7.2 次のイオンの電子配置を書きなさい．
(a) Ti^{3+}　　(b) Cu^+　　(c) Cu^{2+}

解答　(a) $[Ar](3d)^1$　　(b) $[Ar](3d)^{10}$　　(c) $[Ar](3d)^9$

7.3.3 高スピン，低スピン錯体と結晶場理論

第3章で述べたフントの規則によると3d軌道に5個の電子を有する Fe^{3+} の電子配置は，以下のようになる．

電子配置A　| ↑ | ↑ | ↑ | ↑ | ↑ |

しかし，上のような電子配置以外にも，以下のような電子配置をとる Fe^{3+} 錯体が存在することが知られている．

電子配置B　| ↑↓ | ↑↓ | ↑ | | |

不対電子の多いAのような電子配置をもつ錯体を高スピン錯体，一方，Bのような電子配置をもつ錯体を低スピン錯体という．結晶場理論では，高スピン錯体，低スピン錯体の生成は次のように説明される．

結晶場理論では，配位子を負の点電荷と仮定する．この点電荷と中心金属のd軌道との静電反発によりd軌道が分裂し，異なるエネルギー準位をもつd軌道が生じると考える．このとき配位子がつくる静電場のことを配位子場と呼んでいる．結晶場理論の適用例として，

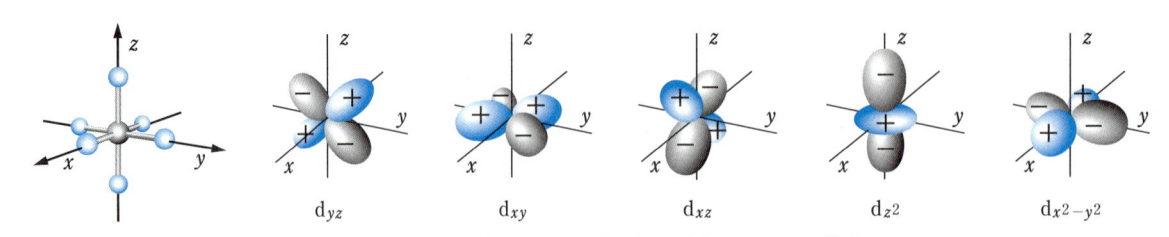

図7.9 八面体錯体における配位子場の方向と5つのd軌道

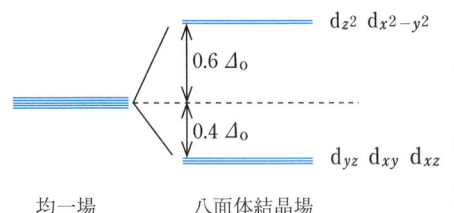

図7.10 八面体結晶場におけるd軌道の分裂

5) n 重縮退とは，n 個の軌道が同じエネルギー状態にあることをいう．

6) たとえば，Fe^{3+}（d^5 イオン）では $[FeF_6]^{3-}$ が高スピン錯体，$[Fe(CN)_6]^{3-}$ が低スピン錯体となる．

八面体錯体の場合を考えよう．図7.9 に示すように，5つの d 軌道は，それぞれ特定の方向に大きな電子密度をもっている．八面体場では，x, y, z 軸方向から配位子が接近するので，軸方向に大きな電子密度をもつ $d_{x^2-y^2}$ や d_{z^2} 軌道は，d_{xy}, d_{yz}, d_{zx} 軌道に比べて配位子の負電荷との静電反発が大きく，より高いエネルギーをとると考えられる．その結果，図7.10 のように，d 軌道は3重縮退した低エネルギーの軌道と，2重縮退した高エネルギーの軌道とに分裂する[5]．この分裂の大きさを，配位子場分裂パラメーター（ligand-field splitting parameter）といい，記号 Δ_o で表す．ここで，下付きの o は，八面体（octahedral）結晶場を表す．このように軌道が分裂しても，エネルギーの重心は変わらないので，分裂前に比べて，高エネルギー側の軌道は $0.6\Delta_o$ だけ高く，低エネルギー側の軌道は $0.4\Delta_o$ だけ低くなる．Δ_o の値は，配位子の種類によって異なり，同一の金属イオンに対しては，次の順序で大きくなることが知られている．

$$Cl^- < F^- < C_2O_4^- < H_2O < NH_3 < en < CN^-$$

大きな Δ_o を与える配位子場を強い配位子場，小さな Δ_o を与える配位子場を弱い配位子場と呼んでいる．高スピン錯体，低スピン錯体の生成は，配位子場の強弱の観点から，次のように説明することができる（図7.11）．配位子場が弱いときは，フントの規則に従って d 軌道に電子が充填される．すなわち，低エネルギー側，高エネルギー側の軌道の両方に電子が充填され，その結果，高スピン錯体が形成される．しかし，配位子場が強くなると，電子はエネルギーの高い高エネルギー側の軌道に入るよりも低エネルギー側の軌道に電子対をつくって入る方が安定となる．その結果，低スピン錯体が形成される[6]．

以上の考察より，弱い配位子場をつくる配位子は高スピン錯体，強い配位子場をつくる配位子は低スピン錯体を形成することが予測される．これは実験事実とも一致している．ただし，結晶場理論では，d 軌道と配位子との間の共有結合的な相互作用を考慮していないため，この理論だけでは錯体に関するすべての実験結果を説明することはできない．電子スペクトルや熱化学データをより詳細に解釈するには，

弱い八面体結晶場
（高スピン）

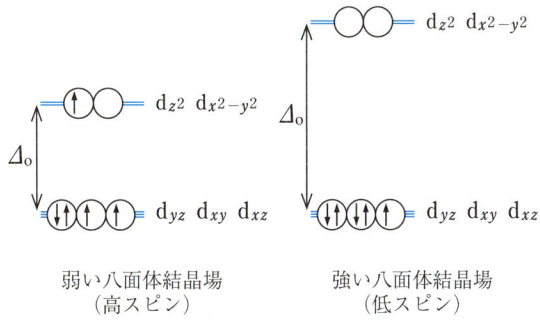

強い八面体結晶場
（低スピン）

図 7.11 八面体結晶場における d^5 イオンの電子配置

配位子の軌道と d 軌道との間の量子力学的相互作用を考慮した**配位子場理論**（ligand-field theory）が必要となる．配位子場理論の詳細については，本書のレベルを超えるので省略するが，興味のある読者はこの理論についても是非勉強してほしい[7]．

7) たとえば，ミースラー・タール著『無機化学 II（錯体化学とその応用）』（丸善）などを参照のこと．

例題 7.3 $[Cr(CN)_6]^{4-}$ 中の不対電子の数を求めなさい．

解答 この錯体中の Cr の価数は 2 であるので，d 電子の数は 4 である（Cr^{2+}：[Ar]$(3d)^4$）．また，CN^- は強い配位子場をつくるから，低スピン錯体を形成し，d 軌道の電子配置は以下のようになる．したがって，不対電子の数は 2 である．

章末問題 7

1. 次の錯体を命名しなさい．
 （a）$[Al(H_2O)_6]^{3+}$ （b）$[CuCl_5]^{3-}$ （c）$[Cr(C_2O_4)(NH_3)_4]^+$

2. 次の配位化合物を命名しなさい．
 （a）$[Co(NH_3)_6]Cl_2$ （b）$K_2[PtCl_6]$ （c）$[Ni(en)_3](NO_3)_2$

3. 次の錯体の化学式を書きなさい．
 （a）テトラクロロ鉄（III）酸イオン
 （b）ヘキサアクアカルシウム（II）イオン
 （c）テトラ（チオシアナト-N）コバルト（II）酸イオン

4. 次の錯体の異性体の構造を立体配置がわかるように書きなさい．
 （a）$[Co(C_2O_4)_2(H_2O)_2]^-$ （b）$[Co(NH_3)_4I_2]^+$
 （c）$[Co(NH_3)_3Cl_3]$

5. $[CrF_6]^{4-}$ は 4 つの不対電子をもつ錯体である．このとき，配位子 F^- は，強い配位子場を形成しているか，弱い配位子場を形成しているか，どちらであると考えられるか．

6. $[CoF_6]^{3-}$ と $[Co(NH_3)_6]^{3+}$ は一方が低スピン錯体，もう一方が高スピン錯体を形成する．低スピン錯体を形成すると予想される方の錯体の名称を答えなさい．

8 固体の構造と性質

本章では，金属やイオン結晶に代表される固体物質の構造と性質に関する基礎的事項を学習する．まず，結晶における 3 次元的な周期構造を剛体球の最密充填構造にもとづいて説明する．実際の結晶の構造を考えるうえでは，球の充填そのものだけでなく，球によって占められていない「間隙」の配列も重要な要因となることを理解する．さらに，固体の性質に関しては，金属，半導体，絶縁体という電気的性質に焦点を当てて解説する．

8.1 金属の結晶構造

固体は，電気伝導特性の違いから金属（metal）と絶縁体（insulator）に大別できる[1]．本節では，比較的単純な構造を有する金属の結晶構造について説明する．結晶構造を剛体球モデルで表現するが，第 4 章で述べたように，原子やイオンを剛体球として表すのは，あくまでも理解を助けるための近似的表現であることに注意してほしい．

8.1.1 金属結合

原子のなかには，Na 原子や Fe 原子のようには固体を形成すると容易にイオン化し，自由電子と呼ばれる電子を放出するものがある．このような原子を金属原子とよぶ．したがって，金属とは，自由電子の海の中に金属カチオンが規則正しく配列した固体結晶であるとみなすことができる．金属中の自由電子と個々のカチオン間の静電引力によって生じる化学結合を金属結合（metallic bond）という．

静電引力により生じる金属結合には方向性がない．そのため，外部から力を加えて，原子核の位置を変えてもすぐさま電子が順応し，安定した金属結合を形成する．金属が展性や延性[2]を示すのは，このような金属結合の柔軟性に起因する．

8.1.2 最密充填構造

大きさの等しい剛体球を，もっとも隙間が少なくなるように空間中に配列させた幾何学的構造を最密充填構造（close-packed structure）という．多くの金属結晶は，最密充填構造をとる．これは最密充填構造をとることにより自由電子－金属カチオン間の距離が短くなり，静

---

[1] 固体を電気伝導度の観点から，金属，半導体，絶縁体という 3 つに分類する場合もある．ただし，電子構造という立場からみると，半導体は絶縁体の特別な場合とみなすことができる（8.3 節参照）．

[2] 展性とは，物体が打撃や圧延によって，破壊を伴わずに薄い板や箔（はく）になる性質のことをいう．最大の展性を示す金属は金である．一方，延性とは，物体が，その弾性限界を超えた張力を受けても破壊されずに，引き延ばされる性質であり，白金，金，銀，銅，アルミニウムなどに顕著にみられる．

表8.1　常温常圧における代表的な金属の結晶構造

結晶構造	元素
六方最密（hcp）	Be, Cd, Co, Mg, Ti, Zn
立方最密（ccp）	Ag, Al, Au, Ca, Cu, Ni, Pd, Pt
体心立方（bcc）	アルカリ金属, Ba, Cr, Fe, W
単純立方（cubic-P）	Po

電引力がもっとも強くなるからである（表8.1参照）．

　まず，2次元における最密充填構造について考えよう．図8.1に示すように，最密充填層中では，どの球も6個の最隣接球を有している．すなわち，図8.1（a）の点線で囲った6角形形状の繰り返しによって2次元構造が構築されている．次に，この最密充填層の上に別の最密充填層を積み重ねて，3次元的な最密充填構造をつくる場合を考える．第1層の球の間のくぼみに第2層の球を置くと，もっとも空間充填率が高くなる［図8.1（b）］．第3層も第2層の球のくぼみに配置するが，第1層と第3層の球の相対位置の違いから次の2通りの配置が考えられる．

（1）第1層の球の真上に第3層の球を置く［図8.1（c）左］．第3層の球の配列は，第1層の球の配列と同一なので，第1層をA層，

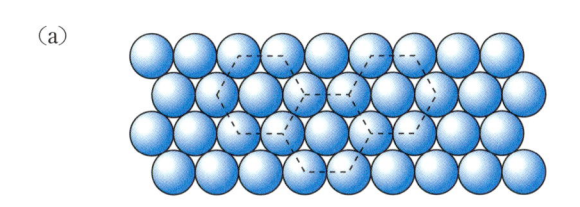

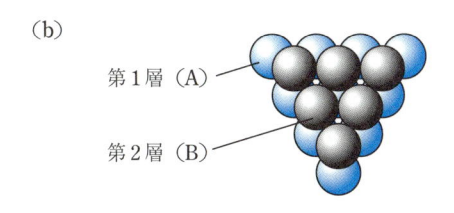

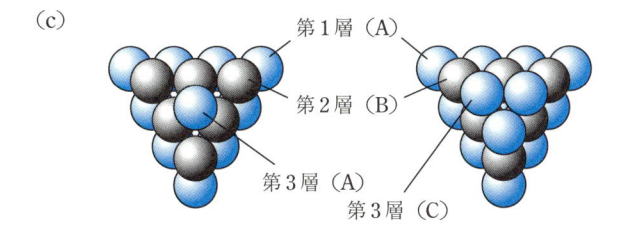

(a)

(b)
第1層（A）
第2層（B）

(c)
第1層（A）
第2層（B）
第3層（A）　　　第3層（C）

ABAB…型　　　　　ABCABC…型
六方最密充填（hcp）　立方細密充填（ccp）

図8.1　2種類の最密充填構造

図 8.2 六方最密充填（hcp）による六方最密格子の形成

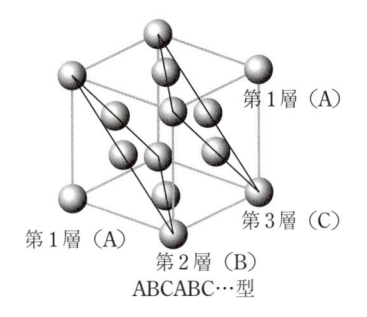

図 8.3 立方最密充填（ccp）による面心立方格子（fcc）の形成

第 2 層を B 層と名づけると，この構造は，ABAB…型と記述できる．この最密充填構造は，3 次元的には，第 1 層（A 層）の 6 角形形状を底面とする六角柱構造が繰り返し単位となっているので，六方最密充填（hexagonal close-packing，hcp と略す）といい，その 6 角柱構造からなる格子を六方最密格子（hexagonal close-packed lattice）と呼ぶ（図 8.2）．最密充填により，空間の 74% が球によって占有される．

(2) 第 1 層の球のくぼみのうち，第 2 層の球によって占められていない方のくぼみの真上に，第 3 層の球を置く［図 8.1（c）右］．

第 1, 2, 3 層の球の配列はすべて異なるので，ABCABC…型と記述できる[3]．この最密充填構造は，別の角度から投影すると，図 8.3 に示すように，立方体を形成するので，立方最密充填（cubic close-packing，ccp と略す）と呼ばれている．このとき，球は立方体の頂点と各面の中心に存在するので，このような格子を面心立方格子（face-centered cubic lattice，fcc 格子と略す）という．

8.1.3 最密充填構造の間隙

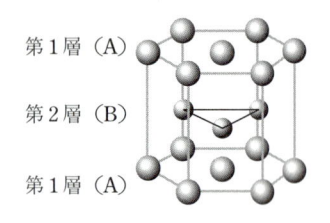

最密充填構造をとるように球を配列させても，球と球の間には必ず隙間が生じる．この隙間の部分を間隙（hole）と呼ぶ．最密充填構造では，八面体間隙（octahedral hole）と四面体間隙（tetrahedral hole）の 2 種類の間隙が存在する．八面体間隙とは 6 個の隣接球からなる八面体の内部の空間であり，一方，四面体間隙とは 4 個の隣接球からなる四面体内部の空間である．六方最密格子と面心立方格子における八面体間隙と四面体間隙の具体例を図 8.4 および図 8.5 に示す．どちらの最密格子においても，頂点の向きが異なる 2 種類の四面体間隙が存在する．

金属の格子がつくる間隙に異種原子が侵入する場合がある．このような化合物を侵入型固溶体（interstitial solid solution）と呼ぶ[4]．ホウ素，炭素，窒素原子の原子半径は小さいので（表 4.1 参照），さま

[3] 実際の金属では，ABAB…型，ABCABC…型以外にも，ABACBAB…など，さらに複雑な面の繰り返し構造をとるものもある．

[4] 間隙中に存在する原子数は一定ではないので，得られる化合物の組成比は一般に整数比とはならない．このような化合物を不定比化合物（非化学量論的化合物）という．また，固溶体には，侵入型の他，置換型も存在する．置換型固溶体（substitutional solid solution）とは，結晶格子中の原子が別の原子に置き換わることでできた不定比化合物である．

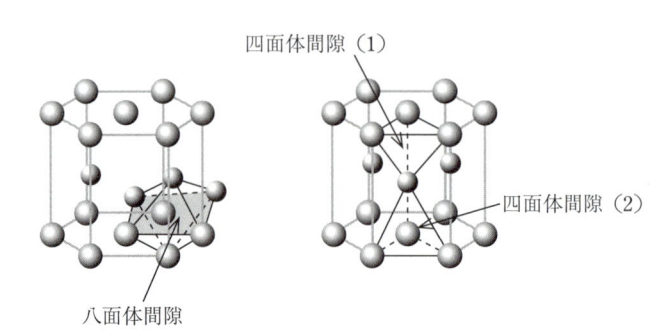

図 8.4 六方最密格子における，八面体間隙と四面体間隙の例

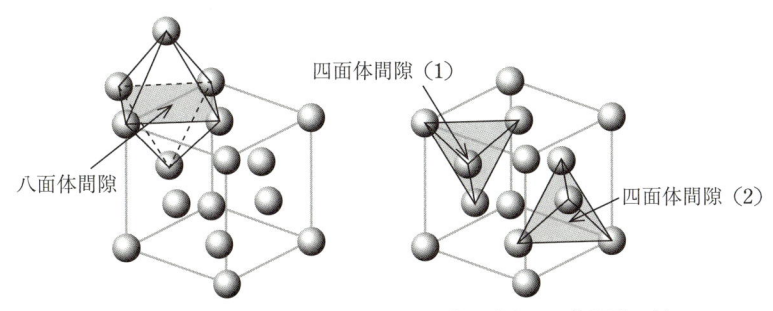

図 8.5 面心立方格子における，八面体間隙と四面体間隙の例

ざまな金属の間隙に入り込み侵入型固溶体を形成する．微量の異種原子の侵入によっても，金属の性質は大きく変化することが知られている．

8.1.4 最密充填以外の結晶構造

表 8.1 に示すように，金属のなかには，最密充填以外の結晶構造をとるものもある．その代表例が，**体心立方**（body-centered cubic, bcc と略す）構造である．体心立方構造では，8 個の球を頂点とする立方体の中心（体心）に 1 個の球が存在する（図 8.6）．体心立方構造の球の占有率は 68% であり，最密充填構造における球の占有率（74%）に比べ 6% だけ小さい．したがって，体心立方構造でも安定な金属結合が生じることが期待される．実際，すべてのアルカリ金属元素とバリウム，タングステン，鉄など計 15 の元素が標準状態で体心立方構造をとることが知られている．

体心立方構造中の体心位置にある 1 個の球を除いた構造を**単純立方構造**（primitive cubic）という．単純立方構造の球の占有率は 52% であり，ほぼ半分が空隙となるため安定な金属結合の形成は期待できない．実際，この構造をとる金属はポロニウムしか知られていない．

体心立方格子　　　単純立方格子
図 8.6 体心立方格子と単純立方格子

8.2 イオン結晶の結晶構造

イオン結晶とは，第 5 章で述べたカチオン−アニオン間に働くイオン結合により安定な固体状態を保持している結晶である．イオン結晶の構造は，「塩化ナトリウム型」や「蛍石型」など，その結晶構造をとる代表的なイオン化合物の名前で呼ばれる（表 8.2 参照）．多くの二元系 AX_n 型イオン結晶の構造は，前節で述べた元素 X の最密充填配列と，もう一方の元素 A の四面体，または八面体間隙への充填という形で理解できる．イオン結晶の多くは，室温での電気伝導率が極めて小さい絶縁体である．

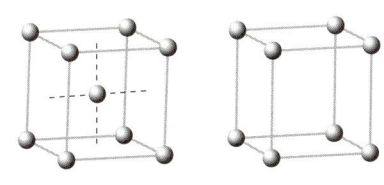

表8.2 代表的な結晶構造の充填様式

最密充填構造	結晶構造	間隙の充填様式
立方最密充填	塩化ナトリウム（NaCl）型	すべての八面体間隙
	蛍石（CaF$_2$）型	すべての四面体間隙
	閃亜鉛鉱（ZnS）型	半数の四面体間隙
六方最密充填	ヒ化ニッケル（NiAs）型	すべての八面体間隙
	ルチル（TiO$_2$）型	半数の八面体間隙
	ウルツ（ZnS）鉱型	半数の四面体間隙

8.2.1 塩化ナトリウム（NaCl）型構造

塩化ナトリウム型構造［sodium-chloride structure, **岩塩型構造**（rock-salt structure）ともいう］では，アニオンが立方最密充填による面心立方格子を形成し，その八面体間隙のすべてにカチオンが配列する（図8.7）．ただし，八面体間隙も同時に面心立方格子を形成するので，カチオンが最密充填をとり，その八面体間隙にアニオンが配列すると考えてもまったく同じ結晶構造になる．このように，各イオンは6個の対イオンの八面体に囲まれているので，カチオン，アニオン共に配位数は6である．

多くのイオン結晶が塩化ナトリウム型結晶構造をとることが知られている．代表例として，NaCl，NaF，NaBr，NaI，NaH，CsF，AgF，AgBr，MgO，CaO，MnO，MgSなどがあげられる．

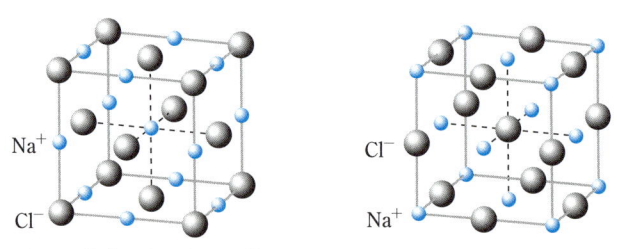

図8.7 塩化ナトリウム型構造．（左）アニオンを面心立方格子の格子点に配置した場合（右）カチオンを面心立方格子の格子点に配位した場合．

8.2.2 塩化セシウム（CsCl）型構造

塩化セシウム型構造（cesium-chloride structure）では，アニオンが単純立方格子を形成し，その体心位置（立方体間隙）にカチオンが配置されている．この場合も，立方体間隙のカチオンは単純立方格子を形成するので，塩化ナトリウム型構造と同様にカチオンとアニオンを入れ替えても同じ結晶構造が得られる（図8.8）．また，各イオンの配位数はともに8である．この結晶構造は，カチオンとアニオンが同程度のイオン半径（Cs^+ = 167 pm，Cl^- = 167 nm）を有する化合物

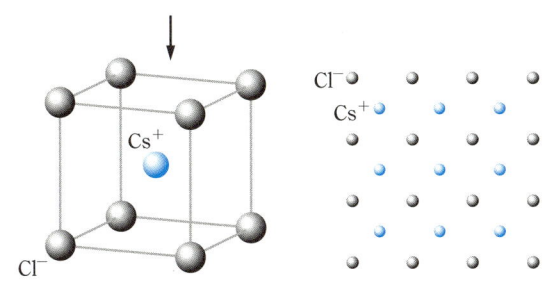

図 8.8 塩化セシウム型構造．右図は，左図の矢印の方向から結晶全体を眺めた図．Cs^+ と Cl^- は同じ単純立方格子を形成していることがわかる．

でみられる[5]．このような条件を満たすイオン化合物の例は少なく，CsCl, CsBr, CsI, TlCl などしか知られていない．

8.2.3 蛍石（CaF_2）型構造

CaF_2 の単結晶は，蛍石[6]（fluorite）として天然に産出する．蛍石型構造（fluorite structure）では，カチオンが立方最密充填構造による面心立方格子を形成し，その四面体間隙のすべてをアニオンが占める（図 8.9）．この構造では，カチオンの配位数が 8，アニオンの配位数が 4 となり，カチオンとアニオンは異なる配位環境にある．したがって，カチオンとアニオンを入れ替えた構造は，逆蛍石型構造（antifluorite structure）と呼ばれる別の結晶構造となる．

蛍石型構造をとる結晶は，CaF_2, $BaCl_2$, HgF_2, PbO_2 などである．逆蛍石型構造は，Li_2O, Li_2S などアルカリ金属酸化物や硫化物などにみられる．

8.2.4 閃亜鉛鉱（ZnS）型構造

ZnS 結晶にはいくつかの多形（polymorphism）が存在する．多形とは，温度，圧力などの変化により生じた構造の異なる同一組成結晶の一群をさす．ZnS の多形の 1 つである閃亜鉛鉱型構造（zinc blend structure）では，アニオンが面心立方格子を形成し，その四面体間隙の半数にカチオンが配列している．カチオンとアニオンの配位数はともに 4 であり，それぞれの空間的配列も同じなので，カチオンとアニオンを入れ替えても結晶構造は変わらない（図 8.10）．ZnS, CuCl, CdS, HgS, GaP, InAs などがこの結晶構造をとる．

8.2.5 ヒ化ニッケル（NiAs）型構造

ヒ化ニッケル型構造（nickel-arsenide structure）は，アニオンが六方最密充填構造をとり，その八面体間隙のすべてがカチオンによって

[5] カチオンとアニオンの半径が同程度だと，最密充填でつくられる間隙は対イオンを充填するには小さすぎる．したがって，単純立方格子のような，より大きな間隙を生み出す構造が必要となる．

[6] 天然の CaF_2 は，紫外線照射により青色や赤色の光（蛍光）を発するものがあるのでこの名が付けられた．ただし，この蛍光は，CaF_2 結晶中に不純物として含まれる，希土類イオンや炭素成分によるものである．

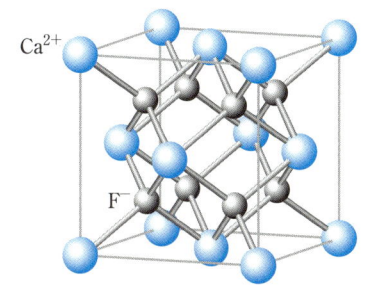

図 8.9 蛍石型構造．カチオンとアニオンの位置を入れ替えた構造は逆蛍石型構造と呼ばれる．

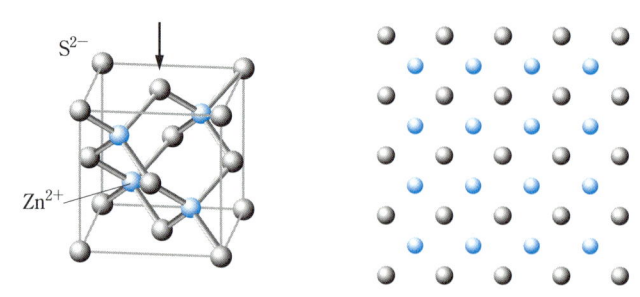

図 8.10 閃亜鉛鉱型構造．右図は，左図の矢印の方向から結晶全体を眺めた図．Zn^{2+} と S^{2-} は同じ空間的配置をとっていることがわかる．

占有されている．ただし，アニオンのつくる格子は，理想的な六方最密格子ではなく，カチオンの侵入によりわずかに歪んでいる．カチオンもアニオンも配位数は 6 であるが，空間における配列は同一ではない（図 8.11 参照）．電気陰性度にあまり差のない二元系化合物がヒ化ニッケル型構造をとりやすい．AsNi，NiS，FeS，PtSn などでこの構造が表れる．

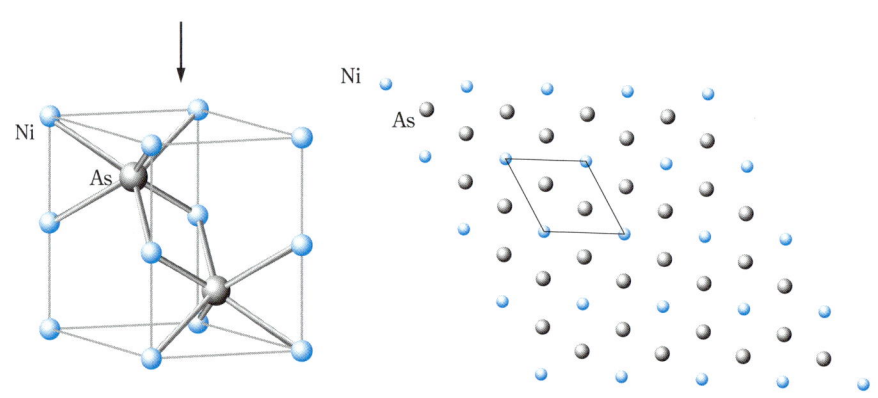

図 8.11 ヒ化ニッケル型構造．右図は，左図の矢印の方向から結晶全体を眺めた図．Ni と As とは異なる空間配列となっていることがわかる．

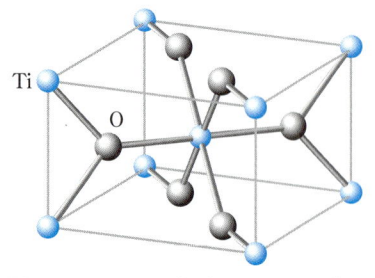

図 8.12 ルチル型構造．Ti は 6 配位八面体構造をとる．ただし，Ti に配位する 6 個の酸素のうち 2 個の酸素は他の 4 個の酸素に比べて，わずかに離れた位置に存在している．

8.2.6　ルチル（TiO_2）型構造

ルチル型構造（rutile structure）の名前は，TiO_2 の多形の 1 つであるルチルに由来する．この構造では，アニオンが六方最密充填構造をとり，その八面体間隙の半数をカチオンが占めている．ただし，アニオンの最密充填構造とカチオンの八面体構造はかなり歪んでいる．カチオンの配位数は 6，アニオンの配位数は 3 である．この結晶構造は，カチオンのつくる格子によって表されることが多い．図 8.12 に示すように，カチオンが直方体の頂点と中心を占め，その中にアニオンを頂点とする歪んだ八面体が存在している．TiO_2，SnO_2，CrO_2 や多数の金属フッ化物がルチル型構造をとる．

8.2.7 ウルツ鉱（ZnS）型構造

ウルツ鉱型構造（wurtzite structure）は，ZnS のもう 1 つの多形の鉱物名に由来する．閃亜鉛鉱構造がアニオンの立方最密充填構造をもつのに対し，ウルツ鉱型構造はアニオンの六方最密充填構造をもっている．閃亜鉛鉱構造と同様に，最密充填構造中の四面体間隙の半数がカチオンによって占められている．カチオンとアニオンの配位数はともに 4 であり，それぞれの空間的配列も同じなので，閃亜鉛鉱型構造と同じようにカチオンとアニオンを入れ替えても同じ結晶構造となる（図 8.13）．ZnS，ZnO，BeO，MnS，AgI，SiC などがこの結晶構造をとる．

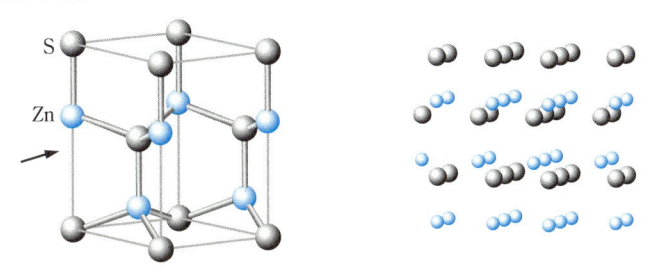

図 8.13 ウルツ鉱型構造．右図は，左図の矢印の方向から結晶全体を眺めた図．Zn^{2+} と S^{2-} は同じ空間的配置をとっていることがわかる．

8.3 固体の電気的性質

8.3.1 金属，絶縁体と半導体

これまで，電気の良導体である金属と，絶縁体であるイオン結晶の構造が，最密充填構造で記述できることを述べた．このように，構造に関しては両者に類似点が多いにも関わらず，金属とイオン結晶では電気的性質はまったく異なる．本節では，このような電気的性質の違いを，固体の電子構造の観点から説明する．

第 5 章で述べた分子軌道理論によると，分子中の電子はエネルギーの低い順に各分子軌道に 2 個ずつ（ただしスピンは逆向きで）充填される．このような分子軌道理論は，固体にも適用できる．リチウムを例にとり固体での分子軌道形成過程を考えてみよう．簡単のため，価電子の軌道である 2s 軌道が形成する分子軌道についてのみ考える．Li 原子が 1，2，3，… 個ずつ凝集したとき形成される分子軌道の模式図を図 8.14 に示す．分子中の Li 原子の数だけ分子軌道が形成されるので，原子の凝集に伴い軌道の数は増えていく．ただし，原子数の増加に伴い，限られたエネルギー領域に数多くの準位が形成されるので，隣接する分子軌道間のエネルギー差は次第に縮まっていく．固体状態では隣接する分子軌道間のエネルギー差はほとんどゼロに近くな

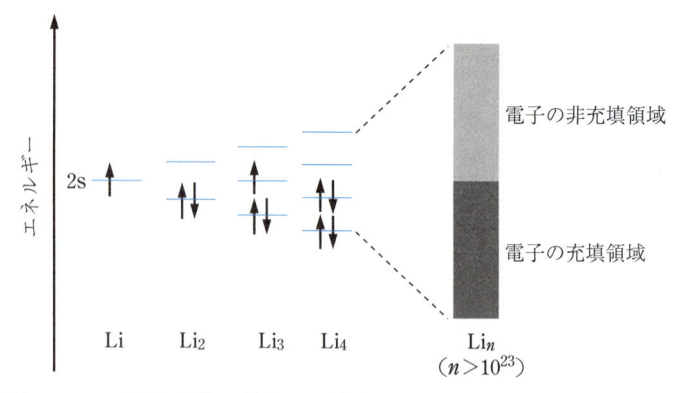

図 8.14 Li 原子の凝集に伴う，2s 軌道の分子軌道の形成過程の模式図．Li_n（$n>10^{23}$）の分子軌道では，エネルギー準位間の差はほとんどなくなり，連続したエネルギー準位の帯（バンド）を形成する．

り，事実上エネルギーが連続した分子軌道の帯が形成される．このような，帯状の分子軌道の集まりを**エネルギーバンド**（energy band）と呼んでいる．n 個の原子が凝集してエネルギーバンドを形成すると，このバンド中の分子軌道の数は n 個になる．また，リチウムの価電子数は原子数に等しいので，全価電子数も n 個である．1 つの軌道には電子が 2 個まで収容可能であるから，結晶リチウムの 2s 軌道がつくるエネルギーバンドには電子に占有されていない空の軌道が，電子に占有されている軌道と同数存在する．

　固体に電気が流れる現象とは，外部電場の印加による電子の正極方向の速度成分の増大とみなすことができる．したがって，電気伝導に寄与する電子の運動エネルギーは外部電場の印加に伴い増大する．ただし，電子の運動エネルギーを増大させるには，そのエネルギーに対応する位置に空のエネルギー準位が存在しなければならない．リチウムの例では，価電子の存在する 2s バンドに，エネルギーの高い空準位も同時に存在しており，この空準位を利用することで，電気伝導が可能となる．

　次に，イオン結晶のバンド構造を考えよう．5.1.1 項で述べたNaCl のイオン対分子の場合は，Na 原子の価電子である 3s 軌道の 1個の電子が Cl 原子の 3p 軌道に移動して，Na^+，Cl^- が形成されている．したがって，NaCl イオン対分子は，空の Na 3s 軌道 1 個と，閉殻状態の Cl 3p 軌道 3 個（電子数 6）をもつ．NaCl イオン対分子が n 個凝集すると，空の Na 3s 軌道のエネルギーバンド（軌道数 n）と完全に充填された Cl 3p 軌道のエネルギーバンド（軌道数 $3n$，電子数 $6n$）が形成される[7]（図 8.15）．外部電場をかけたとき電流が流れるためには，電子はより高い運動エネルギー状態へと励起されなければならない．しかし，価電子の存在する Cl 3p 軌道のエネルギーバ

[7] 実際には，バンドを形成する過程で Cl 3p 軌道は，エネルギーのすぐ下の 3s 軌道と重なり合い，その結果 $4n$ 個の軌道からなるバンドが形成される．

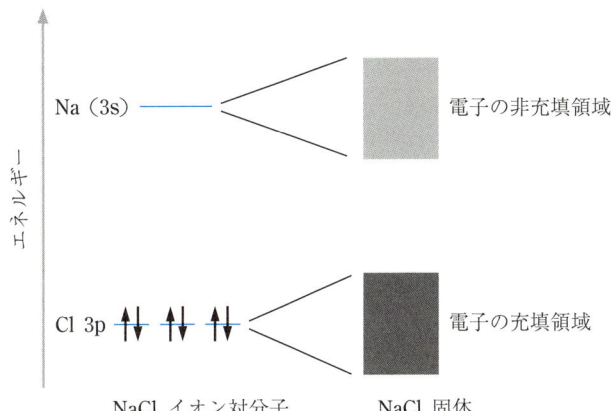

図 8.15 NaCl 結晶におけるバンド形成の模式図．色の濃い部分が電子の充填された軌道を表す．

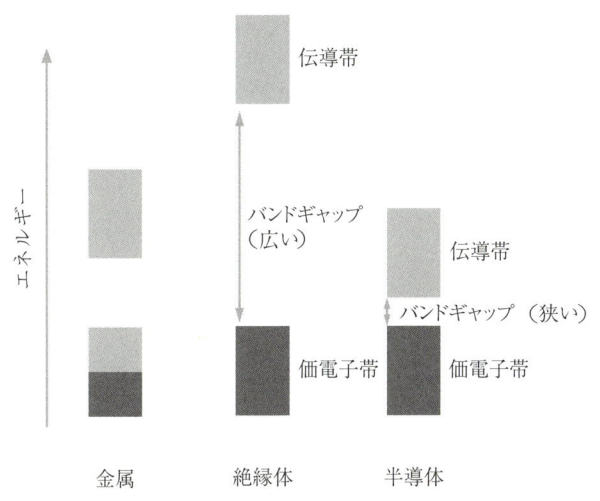

図 8.16 金属，絶縁体，半導体におけるバンド構造の模式図

ンドは完全に充填されているため電場を印加しても価電子の運動エネルギーを増加させることができない．その結果，NaCl 固体は，絶縁体になる．すなわち，絶縁体とは，価電子が存在するバンド［このバンドを価電子帯（valence band）という］に空準位が存在しない物質である（図 8.16）．

しかし，価電子帯の上端と高エネルギー側に位置する空のバンドの下端のエネルギー差［このエネルギー差のことをバンドギャップ（band gap）と呼ぶ］が小さいと，熱励起により価電子帯の電子の一部を空のバンドに移動させることが可能となる（図 8.17）．熱励起先のバンドは，ほとんどが空準位でありその準位を使って電気伝導が可能となるため，伝導帯（conduction band）と呼ばれている．また，伝導帯に電子が励起されると，価電子帯には空準位ができるので，この空準位も電気伝導に寄与するようになる．このように，電子の熱励起

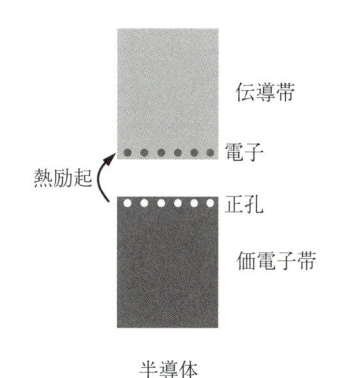

図 8.17 半導体における熱励起電子の生成過程の模式図

8.3 固体の電気的性質

によって電気伝導を示す物質を**半導体**（semiconductor）と呼んでいる．このように，絶縁体と半導体の違いはバンドギャップエネルギーの違いに起因する．一般に，室温でのバンドギャップが 3 eV（約 300 kJ mol^{-1}）以下のものを半導体，5 eV（約 500 kJ mol^{-1}）以上のものを絶縁体と呼んでいる．

章末問題 8

1. 最密充填構造の空間充填率を立方最密充填（ccp）格子中での球の配列をもとに計算しなさい．
2. 体心立方格子と単純立方格子の空間充填率を計算しなさい．
3. 銀は ccp 最密充填構造をとる．銀イオンの半径を 144 pm として，銀の密度（g cm^{-3}）を計算しなさい．
4. アルカリ土類金属は，最外殻 s 軌道に価電子を 2 個もつ．この s 軌道のみがバンドを形成した場合には，バンドがすべて電子によって占められるので絶縁体的振る舞いをすると予想される．しかし，実際は，アルカリ土類金属は金属的な電気伝導を示す．その理由を考察しなさい．
5. 半導体の電気伝導度は温度の上昇とともに上昇する．その理由を考察しなさい．

熱力学第 1 法則　9

　気体が外界に対して仕事をする能力をエネルギーという．気体に熱を加えるか，気体に仕事をして圧縮すると，そのエネルギーが増加する．逆に，気体から熱を奪うか，気体が仕事をして膨張すると，そのエネルギーは減少する．このように，熱と仕事は等価であり，その形態が異なるにすぎない．本章では，まず熱力学第 1 法則（エネルギー保存の法則）について学び，さらに可逆変化と不可逆変化，定温変化と断熱変化における熱と仕事の関係を考える．これが化学なのかと不思議に思うかも知れないが，第 11 章で学ぶ熱力学第 2 法則の導入のために必要となるので，ぜひ理解してほしい．

9.1　系

　化学熱力学では，境界によって外界と区別されている系を考察の対象とする．**系**（system）は**外界**（surroundings）との相互作用により図 9.1 のように分類される．

(1) **開放系**（open system）
　　外界との間に熱や仕事のエネルギーや物質の出入りがある系．
(2) **閉鎖系**（closed system）
　　外界との間に熱や仕事のエネルギーの移動はあるが，物質の出入りがない系．
(3) **孤立系**（isolated system）
　　外界との間に熱や仕事のエネルギーの移動も物質の出入りもない系．

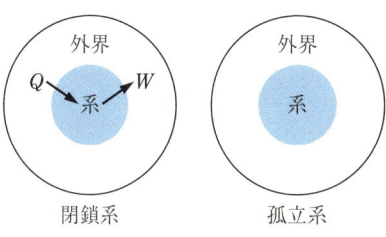

図 9.1　閉鎖系と孤立系

　本章では，閉鎖系や孤立系（断熱系）における理想気体の状態変化を考える．ここでは，体積変化の仕事を単に仕事と呼んでいる．

9.2　仕　事

　化学熱力学では，仕事という用語がよく出てくるが，われわれが日常生活で使う言葉の意味と違うので，以下に詳しく説明する．

9.2.1　体 積 変 化

　いま摩擦のないピストンをもつシリンダー中に気体が封じられている（図 9.2）．ピストンに働く外圧を P_{ex}，ピストンの表面積を S と

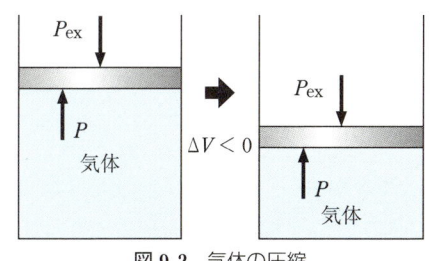

図 9.2　気体の圧縮

する．外圧 P_ex に逆らってピストンが Δh だけ移動するとき，仕事 W は

$$W = -P_\mathrm{ex} S \Delta h = -P_\mathrm{ex} \Delta V \tag{9.1}$$

で表される．系を中心にエネルギーの変化を考えるので，符号は，系（気体）がエネルギーを吸収すると正，エネルギーを放出すると負にとる．したがって，系が吸熱すると正，発熱すると負であり，系が外界から受ける圧縮（$\Delta V < 0$）の仕事は正，系が外界にする膨張（$\Delta V > 0$）の仕事は負である（図 9.3）．

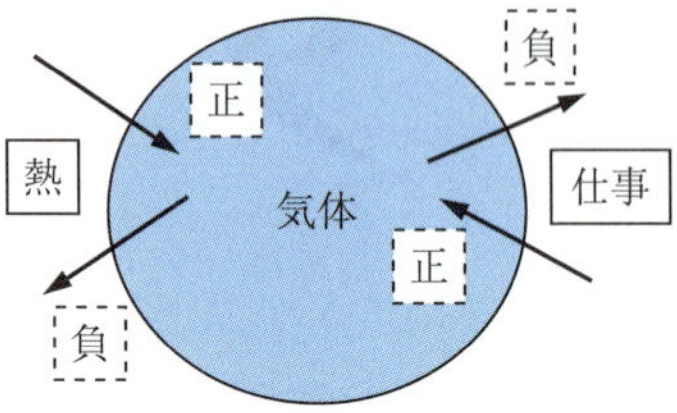

図 9.3 閉鎖系での熱と仕事

9.2.2 可逆過程

外圧を無限小の間隔で徐々に小さくすると，シリンダーは無限時間かけて膨張し，逆に無限小の間隔で徐々に大きくすると，無限時間かけて圧縮される．このように，無限に遅い速度で進む仮想的な過程を可逆過程（reversible process）という．可逆過程では，系と外界との間で平衡状態が保たれているので，逆向きの変化で元の状態に戻すことができる．それに対して，外圧との差が有限の過程では，系および外界に何の影響も残さずに完全に元の状態に戻すことができない．このような過程を不可逆過程（irreversible process）という．

系が体積変化 dV により仕事 dW をするとき，可逆過程では外圧 P_ex は気体の圧力 P に等しいので

$$dW = -P_\mathrm{ex}\, dV = -P\, dV \tag{9.2}$$

真空中に膨張するときは $P_\mathrm{ex} = 0$ だから $dW = 0$ となり，気体は仕事をしない．これを自由膨張と呼んでいる．

9.3 熱力学第 1 法則

閉鎖系における気体分子の運動エネルギーの総和を内部エネルギー（internal energy）と呼ぶ．ここでは，簡単のために 1 mol の単原子理想気体を考えよう．単原子理想気体の内部エネルギー U は並進運動エネルギー E に等しいので[1]（1.4 節参照），内部エネルギーは絶対温度に比例する．

1) 多原子分子の場合，内部エネルギーは分子の並進運動，回転運動，振動運動などのエネルギーの和となる．

$$U = E = \frac{3}{2}RT \tag{9.3}$$

したがって，内部エネルギー変化は，気体の温度変化だけで表される．

$$\Delta U \propto \Delta T \tag{9.4}$$

外界から閉鎖系へ熱や仕事のエネルギーが出入りして，気体の温度が T_1（状態 A）から T_2（状態 B）へ上昇した場合を考えよう．このとき系が吸収した熱 Q と圧縮の仕事 W の和は内部エネルギーの増加

ΔU に等しいことが実験的に確かめられている．

$$\Delta U = U_B - U_A = Q + W \tag{9.5}$$

これを**熱力学第1法則（エネルギー保存の法則）**（the first law of thermodynamics）という．エネルギーの出入りは，吸熱と圧縮の仕事だけでなく，吸熱と膨張の仕事あるいは発熱と圧縮の仕事の組み合わせでも構わない．図9.4に示すように，内部エネルギー変化は，最初の状態（温度 T_1）と最後の状態（温度 T_2）が決まれば，途中の経路に関係なく一義的に決まる．このように，最初と最後の状態だけで決まる物理量を**状態量**（quantity of state）[2]という．状態量は，途中の経路によらないので，その値を足したり，引いたりすることができる．

[2] 内部エネルギー，体積，温度，圧力などは状態量である．状態量は，内部エネルギー，体積などの物質量に依存する示量性状態量と温度，圧力などの物質量によらない示強性状態量に大別される．それに対して，仕事や熱は状態量ではない．

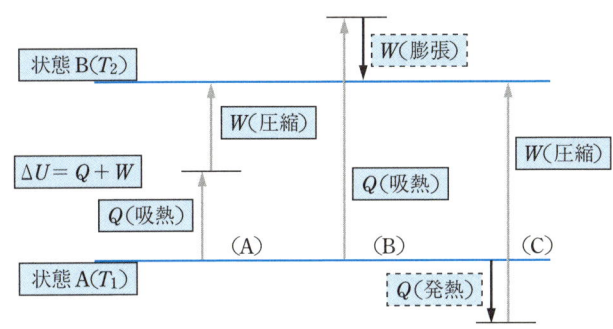

図 9.4 熱力学第 1 法則

9.4 熱とエンタルピー

熱は外界との温度差により移動するエネルギーであり，状態量ではない．したがって，熱変化の過程を指定する必要があり，それには容積一定あるいは圧力一定のどちらかの条件が選ばれる．それぞれ定積変化および定圧変化という．

9.4.1 定積変化（V 一定）

（9.5）式は，微小変化に対しては

$$dU = dQ + dW \tag{9.6}$$

となる．定積変化（$dV = 0$）では，$dW = 0$ だから

$$dQ_v = dU \tag{9.7}$$

したがって，定積で系に出入りする熱 Q_v は内部エネルギー変化に等しい．

9.4.2 定圧変化（P 一定）

定圧で系に出入りする熱 dQ_p は，（9.2）式および（9.6）式より

$$dQ_p = dU + P\,dV = d(U + PV) \tag{9.8}$$

ここで，新しい状態量 H を次式で定義する．
$$H = U + PV \tag{9.9}$$
これをエンタルピー（enthalpy）と呼んでいる．（9.8）式より
$$dQ_p = dH \tag{9.10}$$
したがって，定圧で系に出入りする熱 Q_p はエンタルピー変化[3]に等しい．

多くの場合，熱量変化は，定積条件ではなく，定圧条件で測定される．詳しくは第10章〜第12章で学ぶ．

[3] 温度が上昇すると，内部エネルギーと同じように物質のエンタルピーも増加する．

9.5 モル熱容量

気体（物質）に熱を加えるとその温度は上昇するが，どれくらい上昇するかは物質の種類とその量によって決まる．1 mol の物質の温度を 1 K 上げるのに必要な熱をモル熱容量（molar heat capacity）[4]という．

定積条件下では定積モル熱容量 C_v と呼ばれ，（9.7）式より
$$C_v = \frac{dQ_v}{dT} = \frac{dU}{dT} \tag{9.11}$$

定圧条件下では定圧モル熱容量 C_p と呼ばれ，（9.10）式より
$$C_p = \frac{dQ_p}{dT} = \frac{dH}{dT} \tag{9.12}$$

気体の温度が T_1 から T_2 に変化したとき，出入りした熱は次式で与えられる．

定積条件： $\quad Q_v = \Delta U = \int_{T_1}^{T_2} C_v\, dT = C_v(T_2 - T_1) \tag{9.13}$

定圧条件： $\quad Q_p = \Delta H = \int_{T_1}^{T_2} C_p\, dT = C_p(T_2 - T_1) \tag{9.14}$

[4] 比熱（specific heat）は物質 1 g の温度を 1 K 上げるのに必要な熱であり，SI 単位系では用いられない．

例題 9.1 定圧（10^5 Pa）で，水 18.0 g の温度を 0 ℃ から 100 ℃ に上げるのに必要な熱を求めなさい．水の定圧熱容量 $C_p = 75.0$ J K^{-1} mol^{-1} とする．

解答 1.00 mol の水だから，（9.14）式より
$$Q_p = \Delta H = C_p(T_2 - T_1)$$
$$= (75.0\, \text{J K}^{-1}\, \text{mol}^{-1}) \times (373\, \text{K} - 273\, \text{K}) = 7.50\, \text{kJ mol}^{-1}$$

9.6 単原子理想気体のモル熱容量

微小変化に対しては，（9.9）式は
$$dH = dU + P\, dV \tag{9.15}$$
となる．1 mol の理想気体に対しては $PV = RT$ だから
$$dH = dU + R\, dT \tag{9.16}$$

したがって

$$\frac{dH}{dT} = \frac{dU}{dT} + R \tag{9.17}$$

(9.11)式および(9.12)式より

$$C_p - C_v = R \tag{9.18}$$

これをマイヤー（Mayer）の式[5]という．

1 mol の単原子理想気体の並進運動エネルギー $E = U = \frac{3}{2}RT$ だから，定積モル熱容量は

$$C_v = \frac{dU}{dT} = \frac{3}{2}R = 12.5 \text{ J K}^{-1} \text{ mol}^{-1} \tag{9.19}$$

定圧モル熱容量は，(9.18)式より

$$C_p = C_v + R = \frac{5}{2}R = 20.8 \text{ J K}^{-1} \text{ mol}^{-1} \tag{9.20}$$

[5] 定積では吸収した熱はすべて内部エネルギー増加に使われ，それに対応して気体の温度が上昇する．しかし，定圧では一部が膨張の仕事として使われるので，定積に比べると温度上昇は小さい．すなわち，$C_p > C_v$ となる．

9.7 理想気体の定温体積変化

理想気体が定温で最初の状態 (P_1, V_1) から終わりの状態 (P_2, V_2) まで可逆膨張した場合と不可逆膨張した場合を比較しよう．ΔU は状態量だから，はじめと終わりの状態が同じであれば途中の経路には無関係である．すなわち，定温（$\Delta T = 0$）であれば，可逆膨張，不可逆膨張ともに $\Delta U = Q + W = 0$ である［(9.4)式および(9.5)式］．したがって，$Q = -W$ であり，系が吸収する熱は膨張の仕事に等しい．

それに対して，仕事 W や熱 Q は状態量ではないので，その値は途中の経路に依存する．

9.7.1 可逆過程

図 9.5 に示すように，可逆過程で外圧 P_{ex} に抗して気体の体積が V_1 から V_2 へ変化したとき，(9.2)式より

$$W_{\text{rev}} = -\int_{V_1}^{V_2} P_{\text{ex}} \, dV = -\int_{V_1}^{V_2} P \, dV \tag{9.21}$$

1 mol の理想気体では $P = \dfrac{RT}{V}$ であり，$T = $ 一定だから

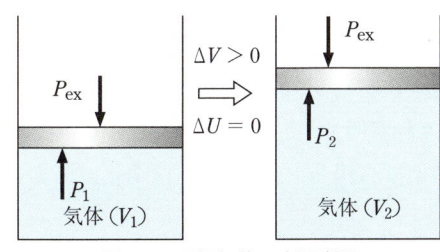

図 9.5　理想気体の定温膨張

6) $\ln\ (=\log_e)$ は**自然対数**(natural logarithm)である．自然対数 $\ln X$ と常用対数 $\log X$ には次の関係がある．
$\ln X = 2.30 \log X$

$$W_{\text{rev}} = -RT \int_{V_1}^{V_2} \frac{dV}{V} \tag{9.22}$$

また，$P_1 V_1 = P_2 V_2$ だから

$$W_{\text{rev}}(= -Q_{\text{rev}})^{6)} = -RT \ln \frac{V_2}{V_1} = -RT \ln \frac{P_1}{P_2} \tag{9.23}$$

9.7.2 不可逆過程

外圧 P_{ex} を終わりの気体の圧力 P_2 まで急激に変化させると，気体の体積は外圧 P_2 に抗して V_1 から V_2 へと変化する．体積変化の間，外圧 P_2 は一定だから

$$W_{\text{irrev}}(= -Q_{\text{irrev}}) = -P_2 \int_{V_1}^{V_2} dV = -P_2(V_2 - V_1) \tag{9.24}$$

例題 9.2 300 K において 1.0 mol の理想気体を体積 1.0 dm³ から 10 dm³ まで定温膨張させた．(1) 可逆過程のときの仕事 W_{rev} および (2) 不可逆過程のときの仕事 W_{irrev} を求めなさい．

解答 (1) 可逆過程
(9.23) 式より

$W_{\text{rev}}(= -Q_{\text{rev}}) = -nRT \ln \dfrac{V_2}{V_1}$

7) 仕事と熱の単位は等しく，J（ジュール）である．

$= -(1.0\ \text{mol}) \times (8.31\ \text{J K}^{-1}\ \text{mol}^{-1}) \times (300\ \text{K}) \times \left(\ln \dfrac{10}{1.0}\right) = -5.7\ \text{kJ}^{7)}$

(2) 不可逆過程

終わりの圧力 $P_2 = \dfrac{nRT}{V}$

$= \dfrac{(1.0\ \text{mol}) \times (8.31\ \text{Pa m}^3\ \text{K}^{-1}\ \text{mol}^{-1}) \times (300\ \text{K})}{10 \times 10^{-3}\ \text{m}^3}$
$= 2.5 \times 10^5\ \text{Pa}$

(9.24) 式より
$W_{\text{irrev}}(= -Q_{\text{irrev}}) = -P_2(V_2 - V_1)$
$= -(2.5 \times 10^5\ \text{Pa}) \times \{(10 \times 10^{-3}\ \text{m}^3) - (1.0 \times 10^{-3}\ \text{m}^3)\}$
$= -2.3 \times 10^3\ \text{Pa m}^3 = -2.3\ \text{kJ}$

このように，可逆過程の方が常に膨張の仕事は大きい（図 9.6）．
（注）単位の換算については，例題 1.4 を参考にしてほしい．

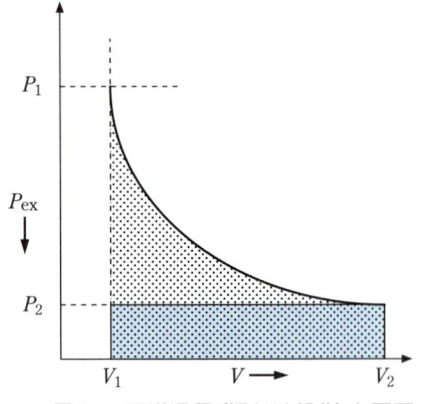

図 9.6 可逆過程（網かけ部分）と不可逆過程（青色部分）における定温膨張の仕事

ここで例題 9.2 の結果をまとめておこう．

(1) 膨張（$V_2 > V_1$）の場合，常に $|W_{\text{rev}}| > |W_{\text{irrev}}|$ である．また，$Q_{\text{rev}} > Q_{\text{irrev}}$ であり，外界から吸収する熱も常に可逆過程の方が大きい（11.2 節参照）．

(2) 圧縮（$V_2 < V_1$）の場合，常に $W_{\text{rev}} < W_{\text{irrev}}$ である．

9.8 単原子理想気体の断熱体積変化

系と外界との間に熱の出入りがない断熱過程での可逆体積変化を考えよう．

9.8.1 断熱体積変化と温度変化

断熱過程（$dQ = 0$）だから，(9.6) 式より
$$dU = dW$$
したがって，(9.2) 式より
$$dU = -P\,dV \tag{9.25}$$
(9.11) 式より $dU = C_v\,dT$ だから，まとめると
$$-P\,dV = C_v\,dT \tag{9.26}$$
このように，理想気体が断熱膨張（$dV > 0$）すると $dT < 0$，すなわち，気体の温度は下がる．逆に，断熱圧縮（$dV < 0$）すると $dT > 0$，すなわち，気体の温度は上がる．

9.8.2 ポワッソンの式

体積変化と気体の温度の関係について考えてみよう．1 mol の単原子理想気体では，$P = \dfrac{RT}{V}$ を (9.26) 式に代入すると
$$R\frac{dV}{V} = -C_v\frac{dT}{T} \tag{9.27}$$
(9.18) 式より
$$(C_p - C_v)\frac{dV}{V} = -C_v\frac{dT}{T} \tag{9.28}$$
定圧熱容量 C_p と定積熱容量 C_v の比を γ で表すと，(9.19) 式および (9.20) 式より
$$\gamma = \frac{C_p}{C_v} = \frac{5}{3} \tag{9.29}$$
だから，式を整理すると
$$(\gamma - 1)\frac{dV}{V} = -\frac{dT}{T} \tag{9.30}$$
積分すると
$$(\gamma - 1)\ln V + \ln T = \text{const.} \tag{9.31}$$
$$TV^{\gamma - 1} = TV^{\frac{2}{3}} = \text{const.} \tag{9.32}$$
また，$T = \dfrac{PV}{R}$ だから
$$PV^{\gamma} = PV^{\frac{5}{3}} = \text{const.} \tag{9.33}$$
この関係式をポワッソン（Poisson）の式という．理想気体の定温体

積変化では $PV=$ 一定であるのに対し，断熱体積変化では $PV^\gamma=$ 一定となる．(9.32)式は，11.1節のエントロピーの導入に用いられる．

例題 9.3 1.0 mol の単原子理想気体（25 ℃）を断熱可逆的に 1.0×10^6 Pa から 1.0×10^5 Pa に膨張させたときの気体の体積および温度を求めなさい．

解答 はじめの圧力 P_1，体積 V_1，温度 T_1 とすると

$$V_1 = \frac{nRT_1}{P_1} = \frac{(1.0\text{ mol})\times(8.31\text{ Pa m}^3\text{ K}^{-1}\text{ mol}^{-1})\times(298\text{ K})}{1.0\times 10^6\text{ Pa}}$$

$$= 2.5\times 10^{-3}\text{ m}^3$$

(9.33)式より $P_1V_1^\gamma = P_2V_2^\gamma$ だから，終わりの圧力 $P_2 = 1.0\times 10^5$ Pa，終わりの体積を V_2 とすると

$$(1.0\times 10^6\text{ Pa})\times(2.5\times 10^{-3}\text{ m}^3)^{\frac{5}{3}} = (1.0\times 10^5\text{ Pa})\times V_2^{\frac{5}{3}}$$

より，$V_2 = 1.0\times 10^{-2}\text{ m}^3$ となる．したがって，終わりの温度 T_2 は

$$T_2 = \frac{P_2V_2}{nR} = \frac{(1.0\times 10^5\text{ Pa})\times(1.0\times 10^{-2}\text{ m}^3)}{(1.0\text{ mol})\times(8.31\text{ Pa m}^3\text{ K}^{-1}\text{ mol}^{-1})} = 120\text{ K}$$

このように，断熱膨張すると気体の温度は下がる．

章末問題 9

1. 298 K で 1.0 mol の理想気体を 1.0 dm³ から 10 dm³ まで定温可逆膨張させたとき吸収する熱を求めなさい．
2. 定圧（1.0×10^5 Pa）で，1.0 mol のヘリウムの温度を 0 ℃ から 100 ℃ に上げたとき吸収する熱 Q_p を求めなさい．このとき ΔH および ΔU を求めなさい．
3. 定温（298 K）で，1.0 mol の理想気体を 2.0×10^5 Pa から 1.0×10^5 Pa まで可逆膨張させた．このときの ΔH，ΔU および W を求めなさい．
4. 1.0×10^5 Pa，200 K の単原子理想気体 1.0 mol を断熱可逆的に膨張させ，気体の温度が 100 K に下がったときの体積を求めなさい．また，このときの ΔU を求めなさい．
5. 298 K において 10.0 dm³ の理想気体をはじめの圧力 1.0×10^5 Pa から終わりの圧力 1.0×10^6 Pa まで定温圧縮させた．(1) 可逆変化のときの仕事 W_{rev} および (2) 不可逆変化のときの仕事 W_{irrev} を求めなさい．
6. 300 K において，1.0 mol の理想気体を不可逆的にはじめの体積 1.0 dm³ から 2.0 dm³ まで，つぎに 2.0 dm³ から終わりの体積 5.0 dm³ まで 2 段階に定温膨張させたときの仕事 W_{irrev} を求めなさい．

熱化学—反応エンタルピー 10

　熱化学は，化学反応にともない出入りする熱を取り扱う分野である．それでは，化学反応の反応熱はどのようにして求められるのであろうか．それを理解するためには，燃焼エンタルピーと生成エンタルピーの関係を学ぶ必要がある．本章では，まず生成エンタルピーについて学び，さらに，ヘスの法則による反応エンタルピーの計算方法および結合エンタルピーについて考える．

10.1 反応熱
10.1.1 熱化学方程式

　化学反応に伴い出入りする熱を**反応熱**（heat of reaction）といい，熱の放出を伴う反応を**発熱反応**（exothermic reaction），吸収を伴う反応を**吸熱反応**（endothermic reaction）という．化学反応に伴い熱の吸収や放出があるのは，反応物と生成物の結合エネルギーに差があるためである．次の反応式のように反応熱を書き加えた化学反応式を熱化学方程式という．

$$H_2(g) + \frac{1}{2}O_2(g) = H_2O(l) + 285.8\ \text{kJ} \tag{10.1}$$

1.6 節で述べたように，化学反応式の化学量論係数は反応物と生成物の物質量の比を表すだけであるのに対し，熱化学方程式の化学量論係数は物質量を示している．すなわち，(10.1) 式は 1 mol の $H_2(g)$[1] と 0.5 mol の $O_2(g)$ から 1 mol の $H_2O(l)$ が生じるとき 285.8 kJ の発熱があることを示している．発熱反応のとき正の符号，吸熱反応のとき負の符号をつけて区別している．

　第 9 章で述べたように，反応熱は定圧条件で測定されることが多い．

10.1.2 反応エンタルピー

　定圧で測定される反応熱を**反応エンタルピー**（enthapy of reaction）という．反応エンタルピーは生成系のエンタルピーの和 $\sum H(B)$ と反応系のエンタルピーの和 $\sum H(A)$ の差で与えられる（図 10.1）．

$$\Delta H = \sum H(B) - \sum H(A) \tag{10.2}$$

[1] カッコ内の g, l, s の記号は，物質がそれぞれ気体（gas），液体（liquid），固体（solid）であることを示している．

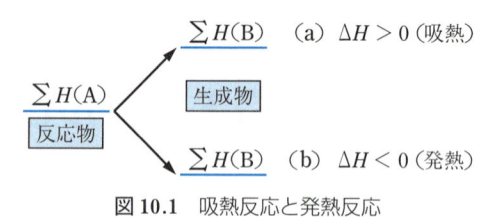

```
               ∑H(B)    (a) ΔH > 0（吸熱）
∑H(A)    ┌生成物┐
反応物         ∑H(B)    (b) ΔH < 0（発熱）
```

図 10.1　吸熱反応と発熱反応

(a)　$\sum H(\mathrm{B}) > \sum H(\mathrm{A})$ のとき，$\Delta H > 0$（吸熱反応）

　　反応系に比べて生成系のエンタルピーの方が大きいとき，外界から熱を吸収する．

(b)　$\sum H(\mathrm{B}) < \sum H(\mathrm{A})$ のとき，$\Delta H < 0$（発熱反応）

　　反応系に比べて生成系のエンタルピーの方が小さいとき，外界に熱を放出する．

化学熱力学では，熱化学方程式のように反応式の中に反応熱を含めず，反応式のあとに反応エンタルピー ΔH の値を書く．発熱反応は $\Delta H < 0$ だから，(10.1) 式は次のように書かれる．

$$\mathrm{H_2(g)} + \frac{1}{2}\mathrm{O_2(g)} = \mathrm{H_2O}(l) \qquad \Delta H = -285.8\ \mathrm{kJ} \qquad (10.3)$$

したがって

$$\Delta H\text{（反応エンタルピー）} = -Q\text{（反応熱）} \qquad (10.4)$$

のように，反応エンタルピー ΔH と熱化学方程式の反応熱 Q は符号が逆になる．

10.2　ヘスの法則

9.4 節で述べたように，エンタルピーは状態量である．したがって，化学変化のはじめと終わりの状態が同じであれば，その反応が一段階で進んでも多段階で進んでも，反応エンタルピーは同じ値になる．この法則は熱力学第 1 法則の成立以前にヘス（Hess）により実験的に見出されたので，ヘス（Hess）の法則と呼ばれている．実験的に測定できない反応エンタルピー ΔH もヘスの法則により計算で求めることができる．

10.2.1　標準燃焼エンタルピーと標準生成エンタルピー

すでに膨大な数の化学反応が知られているし，これからも増え続けていくことだろう．したがって，すべての化学反応の反応エンタルピーの値を一覧表にすることは不可能である．それでは，どのようにして反応エンタルピーは求められるのであろうか．

反応系の各物質と生成系の各物質のエンタルピーの値がわかれば，

(10.2) 式より反応エンタルピーは求められる．ここで大事なことは，反応エンタルピーは生成系と反応系のエンタルピーの差であり，それぞれの物質のエンタルピーの絶対値は必要ないということである．ここでは標準状態における単体のエンタルピーを規準として求めた各物質の標準生成エンタルピーについて学ぶ．

(1) 標準燃焼エンタルピー

標準状態で 1 mol の物質が完全に燃焼するときの反応熱を**標準燃焼エンタルピー**(standard enthalpy of combustion)という．たとえば，C［グラファイト（黒鉛）］[2]，$H_2(g)$，S（斜方イオウ）[3] の標準燃焼エンタルピー $\Delta H°$ は

$$C（グラファイト）+ O_2(g) = CO_2(g) \quad \Delta H° = -393.5 \text{ kJ mol}^{-1}$$

$$H_2(g) + \frac{1}{2} O_2(g) = H_2O(l) \quad \Delta H° = -285.8 \text{ kJ mol}^{-1}$$

$$S（斜方イオウ）+ O_2(g) = SO_2(g) \quad \Delta H° = -296.9 \text{ kJ mol}^{-1}$$

上付きの ° は，すべての反応物および生成物が標準状態（10^5 Pa，25 °C）にあることを示している．いくつかの物質の標準燃焼エンタルピーを表 10.1 に示す．これらの反応はすべて発熱反応である．

表 10.1　標準燃焼エンタルピー（10^5 Pa，25 °C）

物　質	$\Delta H°/\text{kJ mol}^{-1}$	物　質	$\Delta H°/\text{kJ mol}^{-1}$
C_2H_2	-1299.6	CO	-283.0
CH_3CHO	-1166	CH_3COOH	-874.5
CH_3COCH_3	-1790	H_2	-285.8
S（斜方）	-296.9	$C_6H_5CH_3$	-3910
C_2H_5OH	-1367	$C_6H_5NO_2$	-3093
C_2H_6	-1559.4	CH_3OH	-726
$C_2H_5OC_2H_5$	-2729	C_6H_5OH	-3058
C_2H_4	-1411	C_3H_8	-2220
HCOOH	-254.6	C_6H_6	-3267.6
C（グラファイト）	-393.5	CH_4	-890.4

(2) 標準生成エンタルピー

C（グラファイト）+ $2H_2(g)$ = $CH_4(g)$ のように，標準状態にある成分元素の単体から 1 mol の化合物を生成するときの反応エンタルピーを考えよう．反応エンタルピーは生成系と反応系のエンタルピーの差であるから［(10.2) 式］，単体のエンタルピーをゼロと定義すると，1 mol の $CH_4(g)$ の標準エンタルピーの値を求めることができる．これを**標準生成エンタルピー** $\Delta_f H°$ (standard enthalpy of formation)という．

標準燃焼エンタルピーは正確に測定できるので，任意の物質の標準

[2] 炭素には，グラファイト（graphite）とダイヤモンドの同素体がある．グラファイトは黒鉛とも呼ばれる．基準の C（グラファイト）の $\Delta_f H° = 0$ であるが，C（ダイヤモンド）の標準生成エンタルピー $\Delta_f H° = 1.90 \text{ kJ mol}^{-1}$ である．

[3] 8.2.4項で述べたように，ある物質が複数の結晶系をとるとき，これを**多形**という．イオウの場合，常温で安定な斜方イオウを加熱すると単斜イオウに変化し，冷やすと再び斜方イオウにもどる．このように結晶系が可逆に変化する現象を**転移**(transition)，そのときの温度を**転移点**(transition point)という．

生成エンタルピーを求めるのに利用される．たとえば，$H_2(g)$ の標準燃焼エンタルピー $\Delta H°$ は $H_2O(l)$ の標準生成エンタルピー $\Delta_f H°(H_2O(l))$ に等しい．

$$H_2(g) + \frac{1}{2} O_2(g) = H_2O(l)$$

標準燃焼エンタルピー

$$\Delta H° = \Delta_f H°(H_2O(l)) = -285.8 \text{ kJ mol}^{-1} \quad (10.5)$$

炭素では C（グラファイト），硫黄では S（斜方イオウ）が基準として選ばれるので，それぞれの標準燃焼エンタルピー $\Delta H°$ は $CO_2(g)$，$SO_2(g)$ の標準生成エンタルピー $\Delta_f H°(CO_2(g))$，$\Delta_f H°(SO_2(g))$ に等しい．また，例題 10.1 および例題 10.2 にヘスの法則を用いた計算例を示している．このようにして求めたいくつかの物質の標準生成エンタルピーを表 10.2 に示す．

表10.2 標準生成エンタルピー（10^5 Pa，25 ℃）

物 質	$\Delta_f H°$/kJ mol^{-1}	物 質	$\Delta_f H°$/kJ mol^{-1}
$H_2O(g)$	-241.8	C（ダイヤモンド）	1.90
$H_2O(l)$	-285.8	$CO(g)$	-110.5
$HF(g)$	-271	$CO_2(g)$	-393.5
$HCl(g)$	-92.3	$CH_4(g)$	-74.7
$HBr(g)$	-36.4	$C_2H_6(g)$	-85.0
S（単斜）	0.30	$C_2H_4(g)$	52.2
$SO_2(g)$	-296.9	$C_2H_2(g)$	228.0
$NO(g)$	90.3	$C_3H_8(g)$	-103.7
$NO_2(g)$	33.2	$C_6H_6(l)$	49.0
$NH_3(g)$	-46.1	$CH_3OH(l)$	-239.1
$H_2S(g)$	-20.6	$C_2H_5OH(l)$	-277.1

例題 10.1 表 10.1 のプロパン，グラファイト，水素の標準燃焼エンタルピーから，プロパンの標準生成エンタルピー $\Delta_f H°$ を求めなさい．

$$3\,C(グラファイト) + 4\,H_2(g) = C_3H_8(g)$$

解答

(1)　$C_3H_8(g) + 5\,O_2(g) = 3\,CO_2(g) + 4\,H_2O(l)$

$$\Delta H°(1) = -2220 \text{ kJ mol}^{-1}$$

(2)　$C(グラファイト) + O_2(g) = CO_2(g)$

$$\Delta H°(2) = -393.5 \text{ kJ mol}^{-1}$$

(3)　$H_2(g) + \frac{1}{2} O_2(g) = H_2O(l)$

$$\Delta H°(3) = -285.8 \text{ kJ mol}^{-1}$$

3×(2)式＋4×(3)式－(1)式より

$$\Delta_f H°(C_3H_8(g)) = 3 \times \Delta H°(2) + 4 \times \Delta H°(3) - \Delta H°(1)$$
$$= -103.7 \text{ kJ mol}^{-1}$$

例題 10.2 表 10.1 の C（グラファイト）および CO(g) の標準燃焼エンタルピーを用いて CO(g) の標準生成エンタルピー $\Delta_f H°$ を計算しなさい．

$$\text{C（グラファイト）} + \frac{1}{2}\text{O}_2(g) = \text{CO}(g)$$

解答 (1)　C（グラファイト）$+ \text{O}_2(g) = \text{CO}_2(g)$
$$\Delta H°(1) = -393.5 \text{ kJ mol}^{-1}$$

(2)　$\text{CO}(g) + \frac{1}{2}\text{O}_2(g) = \text{CO}_2(g)$
$$\Delta H°(2) = -283.0 \text{ kJ mol}^{-1}$$

図 10.2 に示すように，(1) 式 − (2) 式より
$$\Delta_f H°(\text{CO}(g)) = \Delta H°(1) - \Delta H°(2)$$
$$= (-393.5 \text{ kJ mol}^{-1}) - (-283.0 \text{ kJ mol}^{-1}) = -110.5 \text{ kJ mol}^{-1}$$

C（グラファイト）の燃焼を CO(g) で止めることはできないので，CO(g) の標準生成エンタルピーはヘスの法則により間接的に求められる．

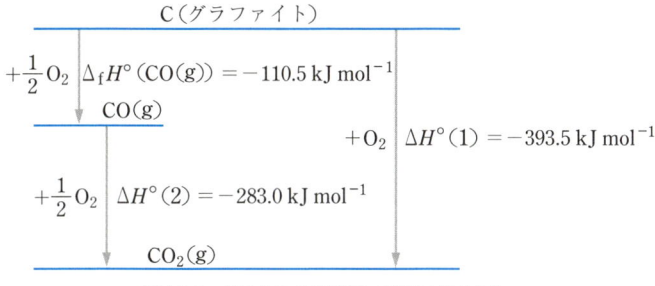

図 10.2 CO(g) の標準生成エンタルピー

10.2.2 標準反応エンタルピー

物質の標準生成エンタルピー $\Delta_f H°$ が求められると，化学反応
$$a\text{A} + b\text{B} = c\text{C} + d\text{D} \tag{10.6}$$
の標準反応エンタルピー $\Delta H°$ は次式で与えられる．

$$\Delta H° = (c\,\Delta_f H°(\text{C}) + d\,\Delta_f H°(\text{D})) - (a\,\Delta_f H°(\text{A}) + b\,\Delta_f H°(\text{B})) \tag{10.7}$$

例題 10.3 表 10.2 の標準生成エンタルピーを用いて，次の反応の標準反応エンタルピー $\Delta H°$ を求めなさい．
$$\text{C}_3\text{H}_8(g) + 5\text{O}_2(g) = 3\text{CO}_2(g) + 4\text{H}_2\text{O}(l)$$

解答 (10.7) 式より
$$\Delta H° = \{3\,\Delta_f H°(\text{CO}_2) + 4\,\Delta_f H°(\text{H}_2\text{O})\} - \{\Delta_f H°(\text{C}_3\text{H}_8) + 5\,\Delta_f H°(\text{O}_2)\}$$
$\Delta_f H°(\text{O}_2) = 0$ だから
$$\Delta H° = \{3 \times (-393.5 \text{ kJ mol}^{-1}) + 4 \times (-285.8 \text{ kJ mol}^{-1})\}$$
$$- (-103.7 \text{ kJ mol}^{-1}) = -2220 \text{ kJ mol}^{-1}$$

$\Delta H° < 0$ であり，発熱反応である．

10.3 反応エンタルピーの温度変化

9.4 節で述べたように，物質のエンタルピーは温度が上がると増加

する．生成物のエンタルピーを $H(B)$，反応物のエンタルピーを $H(A)$ とすると，反応エンタルピー ΔH は次式で与えられるので

$$\Delta H = H(B) - H(A) \tag{10.8}$$

T で微分すると

$$\frac{d\Delta H}{dT} = \frac{dH(B)}{dT} - \frac{dH(A)}{dT} \tag{10.9}$$

(9.12) 式より

$$\frac{d\Delta H}{dT} = C_p(B) - C_p(A) = \Delta C_p \tag{10.10}$$

ΔC_p は生成物と反応物の定圧熱容量の差である．

したがって，反応エンタルピーの温度変化の割合は，生成物と反応物の定圧熱容量の差に等しい．すなわち，$H(A)$ と $H(B)$ の温度変化に差があれば，反応エンタルピーは温度変化を受けることになる．

温度 T_1 における反応エンタルピーを $\Delta H(T_1)$ とすると，温度 T_2 における反応エンタルピー $\Delta H(T_2)$ は次式で求められる．

$$\Delta H(T_2) = \Delta H(T_1) + \int_{T_1}^{T_2} \Delta C_p \, dT \tag{10.11}$$

この式を**キルヒホッフ**（Kirchhoff）**式**という．

定圧熱容量 C_p が温度によらず一定[4]とみなせるとき

$$\Delta H(T_2) = \Delta H(T_1) + \Delta C_p(T_2 - T_1) \tag{10.12}$$

このように，ΔC_p が大きいほど，反応エンタルピー ΔH の温度変化は大きい．もし，$\Delta C_p = 0$ であれば，反応エンタルピーの温度変化はない．

> **例題 10.4** 298 K でのアンモニア生成反応の反応エンタルピー $\Delta H(298) = -46.1 \text{ kJ mol}^{-1}$ として 398 K での反応エンタルピー $\Delta H(398)$ を求めなさい．ただし，$C_p(\text{NH}_3) = 35.9 \text{ J K}^{-1} \text{ mol}^{-1}$，$C_p(\text{N}_2) = 29.1 \text{ J K}^{-1} \text{ mol}^{-1}$，$C_p(\text{H}_2) = 28.8 \text{ J K}^{-1} \text{ mol}^{-1}$ とする．
>
> $$\frac{1}{2}\text{N}_2 + \frac{3}{2}\text{H}_2 = \text{NH}_3$$

解答

$$\Delta C_p = C_p(\text{NH}_3) - \left\{\frac{1}{2}C_p(\text{N}_2) + \frac{3}{2}C_p(\text{H}_2)\right\}$$
$$= (35.9 \text{ J K}^{-1} \text{ mol}^{-1})$$
$$\quad - \left\{\frac{1}{2} \times (29.1 \text{ J K}^{-1} \text{ mol}^{-1}) + \frac{3}{2} \times (28.8 \text{ J K}^{-1} \text{ mol}^{-1})\right\}$$
$$= -21.9 \text{ J K}^{-1} \text{ mol}^{-1}$$

(10.12) 式より
$$\Delta H(398) = \Delta H(298) + \Delta C_p(T_2 - T_1)$$
$$= \Delta H(298) + (-21.9 \text{ J K}^{-1} \text{ mol}^{-1}) \times \{(398 \text{ K}) - (298 \text{ K})\}$$
$$= (-46100 \text{ J mol}^{-1}) + (-2190 \text{ J mol}^{-1})$$

---

[4] 単原子気体の熱容量 C_p は温度によらず一定であるが，多原子分子の熱容量は，温度が上昇するとわずかではあるが増加する．おもに回転運動エネルギーの寄与のためであり，温度変化は次の実験式で表される．

$$C_p = a + bT + cT^2$$

（a, b, c は物質に固有の定数）

しかし，狭い温度範囲であれば一定として差し支えない．

$$= -48300 \text{ J mol}^{-1} = -48.3 \text{ kJ mol}^{-1}$$

10.4 結合エンタルピー

化合物の中の原子間の結合を切断し，ばらばらの気体原子にするのに必要なエネルギーを**結合エンタルピー**（bond enthalpy）という．結合エンタルピーは，標準生成エンタルピーと原子化エンタルピーを用いて計算することができる．

10.4.1 原子化エンタルピー

標準状態にある単体を気体原子にするときの反応エンタルピーを原子化エンタルピーという．単体が固体のとき昇華エンタルピー，等核2原子分子[5]のとき解離エンタルピーと呼ぶ．

(1) 昇華エンタルピー：固体の単体が気体原子になるときの反応エンタルピー

$$\text{C（グラファイト）} \longrightarrow \text{C(g)} \quad \Delta H^\circ = 715.0 \text{ kJ mol}^{-1} \quad (10.13)$$

(2) 解離エンタルピー：等核2原子分子が気体原子になるときの反応エンタルピー

$$\frac{1}{2}\text{H}_2(\text{g}) \longrightarrow \text{H(g)} \quad \Delta H^\circ = 217.9 \text{ kJ mol}^{-1} \quad (10.14)$$

いくつかの物質の原子化エンタルピーを表10.3に示す．解離エンタルピーは1 molの気体原子が生成するために要するエネルギーであるため，解離エンタルピーを2倍した値はH_2分子のH−H結合エンタルピーに等しい．等核2原子分子の結合エンタルピーが解離エンタルピーから簡単に求めることができるのに対し，異核2原子分子の結合エンタルピーは，ヘスの法則を用いて次のように計算される．

[5] H_2やO_2のように同じ元素で構成される2原子分子．

表10.3 原子化エンタルピー（10^5 Pa，25 ℃）

単体物質	ΔH°/kJ mol^{-1}
C（グラファイト）	715.0
S（斜方）	238
$\frac{1}{2}\text{H}_2$	217.9
$\frac{1}{2}\text{O}_2$	249.1
$\frac{1}{2}\text{N}_2$	472.4
$\frac{1}{2}\text{F}_2$	77.5
$\frac{1}{2}\text{Cl}_2$	121.1
$\frac{1}{2}\text{Br}_2$	96.5

10.4.2 異核 2 原子分子の結合エンタルピー：H–Cl 結合エンタルピー

H–Cl 結合エンタルピーを考えてみよう．H–Cl 結合エンタルピーは，1 mol の HCl(g) をバラバラにして，気体原子の H(g) と Cl(g) にするときに要するエネルギーだから，次式の反応エンタルピーに等しい．

$$HCl(g) \longrightarrow H(g) + Cl(g) \tag{10.15}$$

この反応エンタルピーの計算には，$H_2(g)$ と $Cl_2(g)$ の解離エンタルピーおよび HCl(g) の標準生成エンタルピー $\Delta_f H°$ が必要となる．

塩素分子の解離エンタルピーは，表 10.4 より

$$\frac{1}{2} Cl_2(g) \longrightarrow Cl(g) \qquad \Delta H° = 121.1 \text{ kJ mol}^{-1} \tag{10.16}$$

(10.14)式＋(10.16)式より次式が得られる．

$$\frac{1}{2} H_2(g) + \frac{1}{2} Cl_2(g) \longrightarrow H(g) + Cl(g) \tag{10.17}$$

$\Delta H° = (217.9 \text{ kJ mol}^{-1}) + (121.1 \text{ kJ mol}^{-1}) = 339.0 \text{ kJ mol}^{-1}$

HCl(g) の標準生成エンタルピー $\Delta_f H°$ は，表 10.2 より

$$\frac{1}{2} H_2(g) + \frac{1}{2} Cl_2(g) \longrightarrow HCl(g) \qquad \Delta_f H° = -92.3 \text{ kJ mol}^{-1} \tag{10.18}$$

したがって，(10.17)式－(10.18)式より

$HCl(g) \longrightarrow H(g) + Cl(g)$

$\Delta H° = (339.0 \text{ kJ mol}^{-1}) - (-92.3 \text{ kJ mol}^{-1}) = 431.3 \text{ kJ mol}^{-1}$

10.4.3 多原子分子の結合エンタルピー：C–H 結合エンタルピー

CH_4 分子中の C–H 結合エンタルピーを考えてみよう．少し複雑なので，図 10.3 を参考にしてほしい．$CH_4(g)$ を気体原子状の C(g) と H(g) にするときに要するエネルギーは次式で与えられる．

$$CH_4(g) \longrightarrow C(g) + 4H(g) \tag{10.19}$$

この反応エンタルピーの計算には，C（グラファイト）の昇華エンタルピー，$H_2(g)$ の解離エンタルピーおよび $CH_4(g)$ の標準生成エン

```
                    C(g) + 4H(g)
                    ↑         ↑
              原子化エンタルピー
              ΔH° = 1586.6 kJ mol⁻¹
              C（グラファイト）+ 2H₂(g)      結合エンタルピー
  Δ_fH° = 0 ─┤                            ΔH° = 1661.3 kJ mol⁻¹
              標準生成エンタルピー
              Δ_fH° = -74.7 kJ mol⁻¹
                    ↓         ↓
                       CH₄(g)
```

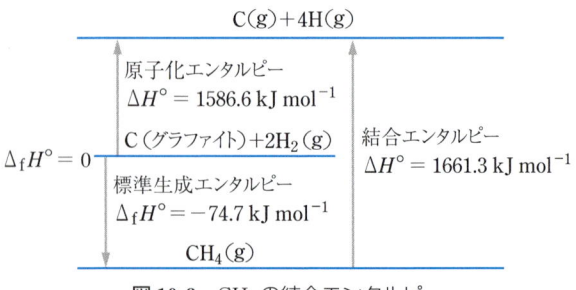

図 10.3 CH_4 の結合エンタルピー

タルピー $\Delta_f H^\circ$ が必要である．

C（グラファイト）と $H_2(g)$ をバラバラの気体原子の C(g) と H(g) にするのに要するエネルギーは，(10.13) 式＋4×(10.14) 式より

$$C（グラファイト）+ 2\,H_2(g) \longrightarrow C(g) + 4\,H(g) \quad (10.20)$$

$\Delta H^\circ = (715.0\text{ kJ mol}^{-1}) + (4 \times 217.9\text{ kJ mol}^{-1}) = 1586.6\text{ kJ mol}^{-1}$

$CH_4(g)$ の標準生成エンタルピー $\Delta_f H^\circ$ は，表 10.2 より

$$C（グラファイト）+ 2\,H_2(g) \longrightarrow CH_4(g) \quad (10.21)$$

$$\Delta_f H^\circ = -74.7\text{ kJ mol}^{-1}$$

したがって，(10.20) 式−(10.21) 式より

$$CH_4(g) \longrightarrow C(g) + 4\,H(g)$$

$\Delta H^\circ = (1586.6\text{ kJ mol}^{-1}) - (-74.7\text{ kJ mol}^{-1}) = 1661.3\text{ kJ mol}^{-1}$

これを 4 個の C–H 結合に均等に配分すると，C–H 結合エンタルピーは 415 kJ mol^{-1} となる．このようにして求めた結合エンタルピーを平均結合エンタルピーという（表 10.4）．

結合エンタルピーは外部から熱を加えて結合を切断するエネルギーなので正の値（吸熱）で与えられる．

表 10.4　結合エンタルピー（10^5 Pa, 25 ℃）

結合	$\Delta H^\circ/\text{kJ mol}^{-1}$	結合	$\Delta H^\circ/\text{kJ mol}^{-1}$	結合	$\Delta H^\circ/\text{kJ mol}^{-1}$
H–H	436	Cl–Cl	242	H–F	566
C–C	347	Br–Br	193	H–Cl	431
C=C	615	C–H	415	H–Br	366
O=O	498	N–H	391	C–O	350
F–F	155	O–H	463	C–Cl	328

章末問題 10

1. 表 10.2 の標準生成エンタルピーを用いて，次の反応の 25 ℃ における反応エンタルピーを求めなさい．
   (a) $2\,NO(g) + O_2(g) = 2\,NO_2(g)$
   (b) $C_2H_2(g) + 2\,H_2(g) = C_2H_6(g)$
   (c) $CO(g) + H_2O(g) = CO_2(g) + H_2(g)$
   (d) $C_2H_6(g) + \dfrac{7}{2}O_2(g) = 2\,CO_2(g) + 3\,H_2O(l)$
   (e) $CH_4(g) + 2\,O_2(g) = CO_2(g) + 2\,H_2O(l)$

2. 表 10.1 の黒鉛，水素およびメタンの標準燃焼エンタルピーを用いて，メタンの標準生成エンタルピー $\Delta_f H^\circ$ を求めなさい．

3. 表 10.2 の HF(g) の標準生成エンタルピー $\Delta_f H^\circ$ と表 10.3 の原子化エンタルピー（解離エンタルピー）を用いて，H–F 結合エンタルピーを求めなさい．

11 自発的変化の方向と平衡の条件

熱力学第1法則（エネルギー保存の法則）では，閉鎖系における理想気体の運動エネルギー（内部エネルギー）は一定温度では保存されることを学んだ．しかし，熱力学第1法則では自然に起こる変化の方向を説明することができない．自発的変化の方向を知るためには，熱力学第2法則を学び，エントロピーやギブズエネルギーと呼ばれる新たな状態量を理解する必要がある．本章では，化学変化（化学反応）の方向および平衡の条件について考える．

11.1 エントロピー

自然界では，自発的に起こる過程はすべて不可逆過程であり，逆方向に戻ることはない．ある変化が起こるかどうか，起こるとすればどの方向かを示すのがエントロピー変化である．ここではエントロピーとは何かを考えよう．

11.1.1 エントロピーの導入

1.00 mol の単原子理想気体が，状態 1（200 K, 1.00 dm^3）から状態 4（100 K, 5.00 dm^3）まで異なる経路で可逆膨張した場合を比較してみよう．図 11.1 に示すように定温変化と断熱変化の順序が異なるとき，それぞれの定温変化で吸収する熱は次のように計算される．

(1) 経路（A）：状態 1（T_1, V_1）→ 状態 2（T_1, V_2）まで定温膨張した後，状態 2（T_1, V_2）→ 状態 4（T_2, V_4）まで断熱膨張する過程

状態 2（T_1, V_2）→ 状態 4（T_2, V_4）への断熱膨張で，温度は 200 K から 100 K に下がる．(9.32) 式より

$$T_1 V_2^{\frac{2}{3}} = T_2 V_4^{\frac{2}{3}} \tag{11.1}$$

だから，$T_1 = 200$ K，$T_2 = 100$ K，$V_4 = 5.00$ dm^3 を代入すると，$V_2 = 1.77$ dm^3 が得られる．

温度 200 K で定温膨張したとき吸収する熱 Q_1 は，(9.23) 式より

$$Q_1 = nRT_1 \ln \frac{V_2}{V_1} = (1.00 \text{ mol}) \times (8.31 \text{ J K}^{-1} \text{ mol}^{-1}) \times (200 \text{ K}) \times \left(\ln \frac{1.77}{1.00} \right) = 949 \text{ J} \tag{11.2}$$

(2) 経路（B）：状態 1（T_1, V_1）→ 状態 3（T_2, V_3）まで断熱膨張し

た後，状態 3 (T_2, V_3) → 状態 4 (T_2, V_4) まで定温膨張する過程

(11.1)式と同じように $T_1 V_1^{\frac{2}{3}} = T_2 V_3^{\frac{2}{3}}$ だから，$T_1 = 200$ K，$T_2 = 100$ K，$V_1 = 1.00$ dm³ を代入すると，$V_3 = 2.83$ dm³ が得られる．

温度 100 K で定温膨張したとき吸収する熱 Q_2 は

$$Q_2 = nRT_2 \ln \frac{V_2}{V_3} = (1.00 \text{ mol}) \times (8.31 \text{ J K}^{-1} \text{ mol}^{-1}) \times$$
$$(100 \text{ K}) \times \left(\ln \frac{5.00}{2.83} \right) = 473 \text{ J} \tag{11.3}$$

したがって，定温変化で吸収する熱をそれぞれの温度で割ると

$$\frac{Q_1}{T_1} = \frac{Q_2}{T_2} = 4.7 \text{ J K}^{-1} \tag{11.4}$$

となり，同じ状態変化が異なる経路で起こっても $\frac{Q}{T}$ は一定値になる．すなわち，$\frac{Q}{T}$ は状態量である．この新しい状態量をエントロピー（entropy）と呼び，S で表す．

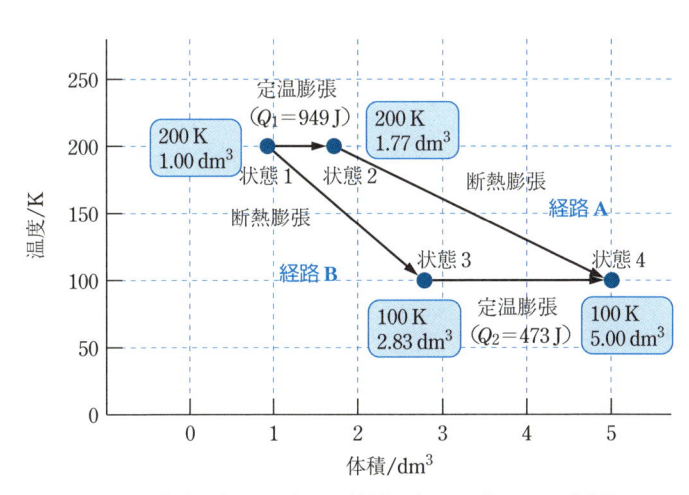

図 11.1 状態 1 (T_1, V_1) から状態 4 (T_2, V_4) への可逆膨張

11.1.2 エントロピー変化

可逆過程での微小変化 $\text{d}Q_{\text{rev}}$ に対しては

$$\text{d}S = \frac{\text{d}Q_{\text{rev}}}{T} \tag{11.5}$$

だから，状態 A から B への変化に対するエントロピー変化は

$$\Delta S = S_\text{B} - S_\text{A} = \int_\text{A}^\text{B} \frac{\text{d}Q_{\text{rev}}}{T} \tag{11.6}$$

定温で状態 A から B に変化したとき系が吸収した総熱量を Q_{rev} とすると，エントロピー変化は

$$\Delta S = \frac{Q_{\text{rev}}}{T} \tag{11.7}$$

となる．

11.2 熱力学第2法則

同じ定温変化が可逆過程と不可逆過程で起こるとき，可逆過程で吸収する熱 Q_{rev} は不可逆過程で吸収する熱 Q_{irrev} よりも常に大きい（9.7節参照）．微小変化に対しては

$$dQ_{rev} > dQ_{irrev} \tag{11.8}$$

だから，（11.5）式より

$$dS = \frac{dQ_{rev}}{T} > \frac{dQ_{irrev}}{T} \tag{11.9}$$

dQ_{rev} と dQ_{irrev} をまとめて dQ とすると

$$dS \geqq \frac{dQ}{T} \tag{11.10}$$

状態 A から B への変化では

$$\Delta S = S_B - S_A \geqq \int_A^B \frac{dQ}{T} \tag{11.11}$$

不等号は不可逆過程（自発的変化），等号は可逆過程に対応している．孤立系では $dQ = 0$ であるから，常に $\Delta S \geqq 0$ となる．これを**熱力学第2法則（エントロピー増大の原理）**（the second law of thermodynamics）という．

孤立系の中にある閉鎖系と周辺系の間で可逆的に熱が移動すると，系と周辺系の両方でエントロピーが変化する（図11.2）．したがって，ΔS は系と周辺系の全エントロピー変化となる．

$$\Delta S(\text{全}) = \Delta S(\text{系}) + \Delta S(\text{周辺系}) \geqq 0 \tag{11.12}$$

（11.12）式はギブズエネルギーの導入に用いられる（11.5節）．

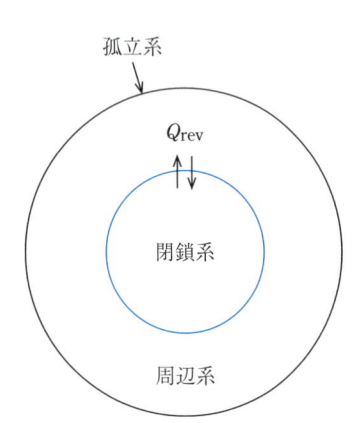

図11.2 孤立系の中の閉鎖系

11.3 エントロピー変化の計算

可逆過程での体積変化，温度変化および相変化に伴うエントロピー変化を考えよう．

11.3.1 定温体積変化に伴うエントロピー変化

n mol の理想気体が定温で体積 V_1 から V_2 へと膨張するとき，（9.23）式より

$$Q_{rev}(= -W_{rev}) = nRT \ln \frac{V_2}{V_1}$$

だから，エントロピー変化は

$$\Delta S = \frac{Q_{rev}}{T} = nR \ln \frac{V_2}{V_1} \tag{11.13}$$

例題11.1 0.50 mol の理想気体が定温で 1.0 dm³ から 5.0 dm³ へ可逆的に膨張したときのエントロピー変化を求めなさい．

解答 （11.13）式より，エントロピー変化は

$$\Delta S = nR \ln \frac{V_2}{V_1} = (0.50 \text{ mol}) \times (8.31 \text{ J K}^{-1} \text{ mol}^{-1}) \times \left(\ln \frac{5.0}{1.0} \right)$$
$$= 6.7 \text{ J K}^{-1}$$

定温では膨張すると運動できる空間が増大する．すなわち，乱雑さが増すので，系（気体）のエントロピーは増加する．逆に，圧縮するとエントロピーは減少する．

11.3.2 温度変化に伴うエントロピー変化

定圧で 1 mol の理想気体の温度が変化したとき，(9.12)式より $dQ_{\text{rev}} = C_p \, dT$ だから

$$dS = \frac{dQ_{\text{rev}}}{T} = C_p \frac{dT}{T} \tag{11.14}$$

温度が T_1 から T_2 へと変化したとき，エントロピー変化は

$$\Delta S = \int_{T_1}^{T_2} C_p \frac{dT}{T} \tag{11.15}$$

C_p が一定とみなせるとき，積分すると

$$\Delta S = C_p \ln \frac{T_2}{T_1} \tag{11.16}$$

例題 11.2 1.0 mol のヘリウムを 0 ℃ から 100 ℃ まで加熱したときのエントロピー変化を求めなさい．

解答 (11.16)式において $C_p = \frac{5}{2} R = 20.8 \text{ J K}^{-1} \text{ mol}^{-1}$, $T_1 = 273$ K, $T_2 = 373$ K だから，エントロピー変化は

$$\Delta S = (1.0 \text{ mol}) \times (20.8 \text{ J K}^{-1} \text{ mol}^{-1}) \times \left(\ln \frac{373}{273} \right) = 6.5 \text{ J K}^{-1}$$

気体が熱を吸収し，系の温度が上がると，気体の運動エネルギーが増加する．すなわち，乱雑さが増すので，気体のエントロピーは増加する．

11.3.3 相変化に伴うエントロピー変化

物質の三態（固体，液体，気体）間の相変化に伴うエントロピー変化について考えよう．融解 (fusion) では固相と液相，蒸発[1] (vaporization) では液相と気相の両相が共存している間，外部から熱を加えても温度は一定である．このように温度上昇を伴わない熱を潜熱 (latent heat) という．標準状態（10^5 Pa）における物質 1 mol あたりの融解エンタルピー，蒸発エンタルピーをそれぞれ標準融解エンタルピー (standard enthalpy of fusion), 標準蒸発エンタルピー (standard enthalpy of vaporization) という（表 11.1）．

定圧（10^5 Pa）での物質 1 mol あたりのエントロピー変化は次のように表される．

(1) 融解（固相 → 液相）

標準融解エンタルピーを $\Delta_{\text{fus}} H^\circ$, 融点 (fusing point) を T_f とすると

[1] 融解の逆を凝固 (freezing), 蒸発の逆を凝縮 (condensation) という．

$$\Delta_{fus}S° = \frac{\Delta_{fus}H°}{T_f} > 0 \qquad (11.17)$$

(2) 蒸発（液相 → 気相）

標準蒸発エンタルピーを $\Delta_{vap}H°$, **沸点**（boiling point）を T_b とすると

$$\Delta_{vap}S° = \frac{\Delta_{vap}H°}{T_b} > 0 \qquad (11.18)$$

固体の融解，液体の蒸発は，規則的配列からより無秩序な状態への変化であり，系のエントロピーは増加する[2]．

例題 11.3 表 11.1 を用いて，定圧（10^5 Pa）で 0 ℃ の氷 1 mol を 100 ℃ の水蒸気にするときのエントロピー変化を求めなさい．水の定圧熱容量 $C_p = 75.0$ J K^{-1} mol^{-1} とする．

解答 全エントロピー変化は，(1) 0 ℃ の氷が 0 ℃ の水に変化する融解過程，(2) 0 ℃ から 100 ℃ までの水の温度上昇，(3) 100 ℃ の水の蒸発過程のエントロピー変化の和であるから，(11.16) 式～(11.18) 式より

$$\begin{aligned}\Delta S &= \frac{\Delta_{fus}H°}{T_f} + C_p \ln \frac{T_2}{T_1} + \frac{\Delta_{vap}H°}{T_b} \\ &= \frac{6010 \text{ J mol}^{-1}}{273 \text{ K}} + (75.0 \text{ J K}^{-1}\text{ mol}^{-1}) \times \left(\ln \frac{373}{273}\right) + \frac{40700 \text{ J mol}^{-1}}{373 \text{ K}} \\ &= 155 \text{ J K}^{-1} \text{ mol}^{-1}\end{aligned}$$

表 11.1 標準融解エンタルピー $\Delta_{fus}H°$ と標準蒸発エンタルピー $\Delta_{vap}H°$（10^5 Pa）

物質	$\Delta_{fus}H°$/kJ mol^{-1}	融点 T_f/K	$\Delta_{vap}H°$/kJ mol^{-1}	沸点 T_b/K
Ar	1.19	83.8	6.5	87.3
H$_2$	0.12	14.0	0.90	20.4
N$_2$	0.72	63.2	5.6	77.3
O$_2$	0.44	54.4	6.8	90.2
H$_2$O	6.01	273.2	40.7	373.2
NH$_3$	5.65	195.4	23.4	239.7
CO$_2$	8.33	217.0	25.2	194.7
C$_2$H$_6$	2.86	89.9	14.7	184.5

11.4 熱力学第 3 法則

11.4.1 標準エントロピー

定圧（10^5 Pa）で物質の温度が 0 K から 298 K まで上昇すると，固体，液体，気体とその状態を変えながらエントロピーは大きくなる（例題 11.3 参照）．そのときのエントロピー変化は次式で与えられる．

$$\Delta S = S_{298} - S_0$$

ここで **0 K における完全結晶物質**[3] のエントロピー $S_0 = 0$ と定義[4]すると，298 K における各物質のエントロピーの値 S_{298} を求めることができる．このようにして求めた標準状態（10^5 Pa, 25 ℃）における物質 1 mol のエントロピーを**標準エントロピー**（standard entropy）$S°$という．いくつかの物質の標準エントロピー $S°$ を表 11.2 に示す．

---

[2] エントロピーは，統計力学的には次式のボルツマンの原理で表される．

$$S = k \ln W$$

W は微視的状態の数であり，$k = \dfrac{R}{N_A}$ をボルツマン定数という．0 K における完全結晶では，すべての格子点に原子や分子が配置されるのでとりうる状態が 1 通りしかない．すなわち，$W = 1$ だから，$S = k \ln W = 0$ となる．乱雑な（無秩序な）状態であるほど W は大きいので，エントロピーも大きくなる．自然に起こる過程（不可逆過程）は，物質のエントロピーが増加する方向，つまり乱雑さが増す方向に進む．

[3] 原子の配列が完全に規則正しく，空間的に乱れのない結晶

[4] これを**熱力学第 3 法則**（the third law of thermodynamics）と呼び，標準エントロピーの基準としている．

表11.2 標準エントロピー（10^5 Pa, 25 ℃）

物質	$S°/\text{J K}^{-1}\text{mol}^{-1}$	物質	$S°/\text{J K}^{-1}\text{mol}^{-1}$
（気体）		（液体）	
H_2	130.7	H_2O	69.9
O_2	205.0	CH_3OH	127.2
H_2O	188.8	C_2H_5OH	161.0
Cl_2	223.0	CH_3COOH	158.0
N_2	191.6	（固体）	
NO	210.7	C（ダイヤモンド）	2.4
NO_2	240.5	C（グラファイト）	5.7
NH_3	192.5	Ag	42.6
CO	197.7	AgCl	96.2
CO_2	213.7	S（斜方）	31.9
CH_4	186.2	S（単斜）	32.6
C_2H_6	229.5	Al_2O_3	51.0

例題 11.4 10^5 Pa, 100 ℃における 1 mol の H_2 のエントロピー S を求めなさい．ただし，25 ℃における H_2 の標準エントロピー $S° = 130.7$ J K^{-1} mol^{-1}（表11.2），$C_p = 28.8$ J K^{-1} mol^{-1} とする．

解答 （11.16）式より

$$\Delta S = S - S° = C_p \ln \frac{T_2}{T_1}\text{ だから}$$

$$S = S° + C_p \ln \frac{T_2}{T_1} = (130.7 \text{ J K}^{-1}\text{mol}^{-1}) + (28.8 \text{ J K}^{-1}\text{mol}^{-1})$$
$$\times \left(\ln \frac{373}{298}\right) = 137.2 \text{ J K}^{-1}\text{mol}^{-1}$$

11.4.2 標準反応エントロピー

それぞれの物質 1 mol の標準エントロピー $S°$ [5]が求められると，化学反応

$$a\text{A} + b\text{B} = c\text{C} + d\text{D}$$

の標準反応エントロピー $\Delta S°$ を計算することができる．

$$\Delta S° = c S°(\text{C}) + d S°(\text{D}) - (a S°(\text{A}) + b S°(\text{B})) \quad (11.19)$$

例題 11.5 表11.2を用いて，標準状態（10^5 Pa, 25 ℃）における水の生成反応の標準反応エントロピーを求めなさい[6]．

$$H_2(g) + \frac{1}{2} O_2(g) = H_2O(l)$$

解答 （11.19）式より，標準反応エントロピーは

$$\Delta S° = S°(H_2O(l)) - \left(S°(H_2(g)) + \frac{1}{2} S°(O_2(g))\right)$$
$$= (69.9 \text{ J K}^{-1}\text{mol}^{-1}) - \Big((130.7 \text{ J K}^{-1}\text{mol}^{-1}) +$$
$$\frac{1}{2} \times (205.0 \text{ J K}^{-1}\text{mol}^{-1})\Big)$$
$$= -163.3 \text{ J K}^{-1}\text{mol}^{-1}$$

[5] 標準反応エンタルピー $\Delta H°$ は，単体の標準生成エンタルピー $\Delta_f H° = 0$ として求められる（10.2節参照）．しかし，単体の標準エントロピー $S° > 0$ であるので注意してほしい．

[6] 気体から液体への変化であり，乱雑さが減るので系のエントロピー変化 ΔS（系）< 0 となる．反応が進むとき，常に全エントロピー変化 $\Delta S = \Delta S$（系）$+ \Delta S$（周辺系）$\geqq 0$ だから，この場合，ΔS（周辺系）$\gg 0$ である．

11.5 化学変化の方向と平衡の条件

系[7]のエントロピー変化 $\Delta S(系) < 0$ であっても，周辺系のエントロピーの増加量の方が大きいとき，全エントロピー変化 $\Delta S(全) > 0$ となるので，化学変化は自発的に進む（例題 11.5）．逆に，$\Delta S(系) > 0$ でも，$\Delta S(周辺系) \ll 0$ のため，全エントロピー変化 $\Delta S(全) < 0$ となる場合もある．このように，系と周辺系の両方のエントロピー変化を計算しなければ，化学変化の方向を判定することはできない．そのため，周辺系を考慮する必要のない新しい状態量（ギブズエネルギー）が導入された．ここでは，ギブズエネルギーについて考えよう．

11.5.1 ギブズエネルギー

定温，定圧で，系から周辺系に熱が可逆的に移動するとき

$$\Delta S(周辺系)^{8)} = -\frac{\Delta H(系)}{T} \tag{11.20}$$

であるから，(11.12)式を系のエントロピー変化とエンタルピー変化で表すことができる．

$$\Delta S(全)^{9)} = \Delta S(系) - \frac{\Delta H(系)}{T} \geqq 0 \tag{11.21}$$

（系）を省略して式を整理すると

$$\Delta H - T\Delta S \leqq 0$$

定温（T 一定）だから

$$\Delta(H - TS) \leqq 0$$

ここで

$$G = H - TS \tag{11.22}$$

と定義することにより次式が得られる．

$$\Delta G \leqq 0 \tag{11.23}$$

この新しい状態量 G を**ギブズエネルギー**（Gibbs energy）という．

全エントロピー変化の増大する方向とギブズエネルギーの減少する方向は一致するので，系のギブズエネルギー変化 ΔG で化学変化の方向を判定することができる．

(a) 不可逆過程（自発的変化）：$\Delta G < 0$ である．すなわち，ギブズエネルギーの減少する方向に化学変化は進む．
(b) 可逆過程：$\Delta G = 0$ である．化学変化の場合，平衡状態（正反応と逆反応の速度が等しい状態）を意味している．

11.5.2 化学変化の方向

(11.22)式より $\Delta G = \Delta H - T\Delta S$ であり，エンタルピー変化 ΔH とエントロピー変化 ΔS の大小によって ΔG の符号が決まることがわかる．図 11.3 に示すように，発熱反応（$\Delta H < 0$）で $\Delta S > 0$ の場合，

---

[7] 簡略化のため，閉鎖系を単に系と表記している（図 11.2 参照）．

[8] 発熱反応（$\Delta H(系) < 0$）のとき，
$\Delta S(周辺系) > 0$
吸熱反応（$\Delta H(系) > 0$）のとき，
$\Delta S(周辺系) < 0$

[9] 10^5 Pa, 298 K におけるアンモニアの生成反応，$N_2(g) + 3H_2(g) = 2NH_3(g)$ の $\Delta S°(系) = -199$ J K^{-1} mol^{-1}, $\Delta H°(系) = -92.2$ kJ mol^{-1} である（例題 12.1）．ΔS および ΔH の圧力変化は小さいので

$$\begin{aligned}\Delta S(全) &= \Delta S(系) - \frac{\Delta H(系)}{T}\\ &= (-199 \text{ J K}^{-1}\text{ mol}^{-1})\\ &\quad - \frac{(-92200 \text{ J mol}^{-1})}{298 \text{ K}}\\ &= (-199 \text{ J K}^{-1}\text{ mol}^{-1})\\ &\quad + (309 \text{ J K}^{-1}\text{ mol}^{-1})\\ &= 110 \text{ J K}^{-1}\text{ mol}^{-1} > 0\end{aligned}$$

である．

常に $\Delta G < 0$ である［(a) の (i)］．すなわち，エンタルピーが減少し，エントロピーが増加する反応は自発的に進む．それに対して，吸熱反応（$\Delta H > 0$）でも，(b) の (i) のように高温で $\Delta G < 0$ になれば反応は進む．エントロピーの効果（乱雑さの増す効果）がエンタルピーの増加する不利益を上回るからである．

(a) 発熱反応（$\Delta H < 0$）の場合
   (i) $\Delta S > 0$ 　　常に $\Delta G < 0$ であり，反応は進む．
   (ii) $\Delta S < 0$ 　　低温であるほど反応に有利となる．

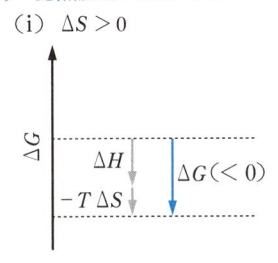

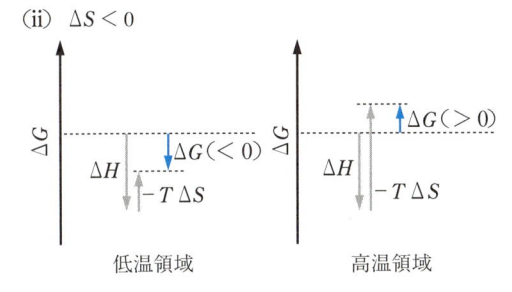

(a) 発熱反応（$\Delta H < 0$）
　(i) $\Delta S > 0$

　(ii) $\Delta S < 0$

　　　　低温領域　　　　　高温領域

(b) 吸熱反応（$\Delta H > 0$）
　(i) $\Delta S > 0$

　　　　低温領域　　　　　高温領域

　(ii) $\Delta S < 0$

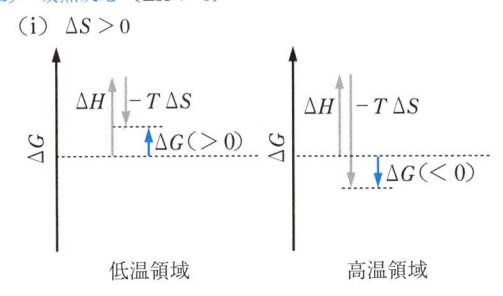

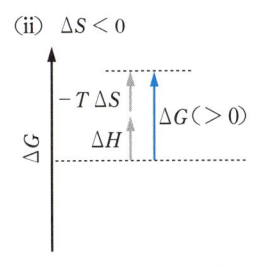

図 11.3 　ΔG の符号と化学変化の方向

(b) 吸熱反応（$\Delta H > 0$）の場合
  (i) $\Delta S > 0$　　高温であるほど反応に有利となる．
  (ii) $\Delta S < 0$　　常に $\Delta G > 0$ であり，反応は起こらない．

11.6　クラウジウス–クラペイロン式

蒸気圧の温度変化や凝固点（融点）の圧力変化について考えよう．

可逆過程では，(9.2)式，(9.6)式および(11.10)式より

$$dU = TdS - PdV \tag{11.24}$$

一方，(9.9)式および(11.22)式より，$G = U + PV - TS$ だから

$$dG = dU + PdV + VdP - TdS - SdT \tag{11.25}$$

まとめると次式が得られる．

$$dG = VdP - SdT \tag{11.26}$$

純物質が2相 A, B 間で蒸発（凝縮）平衡や融解（凝固）平衡にあるとき

$$dG_A = dG_B \text{[10]} \tag{11.27}$$

だから

$$V_A dP - S_A dT = V_B dP - S_B dT \text{[11]} \tag{11.28}$$

式を変形すると

$$\frac{dP}{dT} = \frac{S_B - S_A}{V_B - V_A} = \frac{\Delta S}{\Delta V} \tag{11.29}$$

ΔH を潜熱，相変化の起こる温度を T とすると，11.3.3項より相変化に伴うエントロピー変化 $\Delta S = \dfrac{\Delta H}{T}$ だから

$$\frac{dP}{dT} = \frac{\Delta H}{T \Delta V} \tag{11.30}$$

これを**クラウジウス–クラペイロン**（Clausius-Clapeyron）**式**という．

11.6.1　気相–液相平衡（蒸発と凝縮）

気相–液相平衡では，蒸気圧の温度変化を計算することができる．V_g を気体のモル体積，V_l を液体のモル体積とすると，(11.30)式は

$$\frac{dP}{dT} = \frac{\Delta_{vap} H}{T(V_g - V_l)} \tag{11.31}$$

一般に $V_g \gg V_l$（たとえば，1 mol の水では $V_g = 22400 \text{ cm}^3$，$V_l = 18 \text{ cm}^3$）だから

$$\frac{dP}{dT} = \frac{\Delta_{vap} H}{T V_g} \tag{11.32}$$

蒸気を理想気体とみなすと，1 mol では $PV_g = RT$ だから

$$\frac{dP}{P} = \frac{\Delta_{vap} H \, dT}{RT^2} \tag{11.33}$$

---

[10] A相，B相における純物質 1 mol のギブズエネルギーをそれぞれ G_A, G_B とすると，平衡状態では $\Delta G = G_B - G_A = 0$ だから，常に
　$G_A = G_B$
である．
　温度や圧力の無限小の変化（dT, dP）により，平衡状態(1)から平衡状態(2)へと変化したとき
　$G_A(1) = G_B(1)$
　$G_A(2) = G_B(2)$
だから，
　$dG_A = G_A(2) - G_A(1)$
　　　$= G_B(2) - G_B(1) = dG_B$
となる．

[11] V_A, V_B および S_A, S_B は，それぞれ A 相，B 相における純物質 1 mol の体積（モル体積）およびエントロピーである．

$\Delta_{\text{vap}}H$ 一定として積分すると

$$\ln P = -\frac{\Delta_{\text{vap}}H}{RT} + 積分定数 \tag{11.34}$$

温度 T_1 および T_2 での蒸気圧を P_1 および P_2 とすると

$$\ln \frac{P_2}{P_1} = -\frac{\Delta_{\text{vap}}H}{R}\left(\frac{1}{T_2}-\frac{1}{T_1}\right) \tag{11.35}$$

液体の蒸気圧が外圧に等しくなると，液体は沸騰する．任意の外圧 P_2 における沸点 T は，標準沸点（$P_1 = 1.0\times10^5$ Pa）T_b を用いて計算することができる．

例題 11.6 2.0×10^5 Pa に加圧した圧力釜の中での水の沸点を求めなさい．

解答 （11.35）式に $P_1 = 1.0\times10^5$ Pa, $P_2 = 2.0\times10^5$ Pa, $\Delta_{\text{vap}}H(=\Delta_{\text{vap}}H^\circ) = 40.7$ kJ mol^{-1}, $T_1(=T_b) = 373$ K（表11.1）を代入すると

$$\ln\frac{2.0\times10^5}{1.0\times10^5} = -\frac{40700\text{ J mol}^{-1}}{8.31\text{ J K}^{-1}\text{ mol}^{-1}}\left(\frac{1}{T\text{ K}}-\frac{1}{373\text{ K}}\right)$$

$$T = 394\text{ K }(121\text{ °C})$$

11.6.2 液相-固相平衡（融解と凝固）

液相-固相平衡の場合，凝固点（融点）の圧力変化を計算することができる．通常の物質は凝固するとモル体積は減少する（$V_l > V_s$）ので，dT/dP の値は正であり，圧力が増加するほど凝固点（融点）は上がる．それに対して，水は凝固するとモル体積が増加（$V_l < V_s$）するという特異な物質であるため，圧力が増加するほど凝固点（融点）は下がる[12]．

$$\frac{dT}{dP} = \frac{T(V_l - V_s)}{\Delta_{\text{fus}}H} \tag{11.36}$$

例題 11.7 水深1万メートルのマリアナ海溝[13]における水の凝固点を求めなさい．ただし，水圧を 10^8 Pa，0°C における水の密度 0.9998 g cm^{-3}，氷の密度 0.9167 g cm^{-3} および氷の標準融解エンタルピー $\Delta_{\text{fus}}H^\circ = 6010$ J mol^{-1}（Pa m^3 mol^{-1}）とする．

解答 0°C における水と氷のモル体積はそれぞれ

$$V_l = \frac{18.015\times10^{-3}\text{ kg mol}^{-1}}{0.9998\times10^3\text{ kg m}^{-3}} = 18.02\times10^{-6}\text{ m}^3\text{ mol}^{-1}$$

$$V_s = \frac{18.015\times10^{-3}\text{ kg mol}^{-1}}{0.9167\times10^3\text{ kg m}^{-3}} = 19.65\times10^{-6}\text{ m}^3\text{ mol}^{-1}$$

V_l, V_s および $\Delta_{\text{fus}}H(\fallingdotseq \Delta_{\text{fus}}H^\circ)$ が圧力変化を受けないとすると，（11.36）式より凝固点の圧力変化は次式で与えられる．

$$\frac{\Delta T}{\Delta P} = \frac{(273\text{ K})\times\{(18.02-19.65)\times10^{-6}\text{ m}^3\text{ mol}^{-1}\}}{6010\text{ Pa m}^3\text{ mol}^{-1}}$$

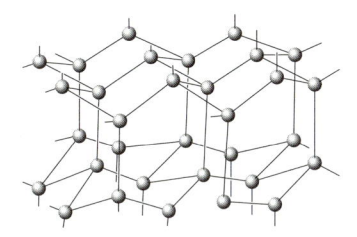

図 11.4 氷の構造

[12] 第2章で述べたように，氷は水分子が完全に水素結合している分子性結晶であり（図11.4），氷の融解熱は主に水素結合の切断に使われる．約15〜20％の水素結合が切断されると氷は水になり，自由になった水分子が水素結合のネットワークに入り込むので，水の密度は氷の密度よりも大きくなる．水温が高くなると，水素結合がさらに切断されるので，密度が増大する．ただし，水の温度が 3.98°C を超えると，水分子の熱振動による系の膨張の効果が顕著となり，水の密度は逆に低下する．圧力をかけると凝固点（融点）が下がるので，水は凍りにくく，氷は溶けやすくなる．

[13] マリアナ諸島の東側に位置し，最深部の深さが海面下約 10,900 m の地球上で最も深い海溝．

$$= -7.4\times10^{-3}\,\text{K}/10^5\,\text{Pa}$$

水圧が 10^5 Pa 増すごとに水の凝固点は約 7×10^{-3} K 下がるので，水圧 10^8 Pa のときの水の凝固点は約 266 K（-7 ℃）となる．水深 1 万メートルでの水温は 2〜3 ℃ といわれているので，圧力の増加で海が凍ることはない．もし水が $V_l > V_s$ の通常の物質であれば，凝固点は上昇し，氷は水に沈むので深海から凍っていたであろう．

章末問題 11

1. 表 11.2 を用いて，150 ℃ における 1 mol のアンモニアのエントロピーを求めなさい．ただし，$C_p(\text{NH}_3) = 35.9\,\text{J}\,\text{K}^{-1}\,\text{mol}^{-1}$ とする．
2. 表 11.1 を用いて，1 mol のアンモニアの蒸発に伴うエントロピー変化を求めなさい．
3. 標高 5000 m の山頂での水の沸点を求めなさい．ただし，山頂の大気圧を 5.0×10^4 Pa とする．

気相化学平衡　12

気相反応の平衡を均一系化学平衡，液相と気相あるいは固相と気相の間の平衡を不均一系化学平衡という．本章では，まず均一気相反応の平衡定数と反応ギブズエネルギーの関係（質量作用の法則）を学び，平衡定数の温度変化および圧力変化（ルシャトリエの原理）を理解する．さらに，固相と気相の間の不均一系化学平衡について考える．

12.1 均一気相反応の平衡定数

気相反応では，各成分気体を理想気体として取り扱うとよい近似を与える．ここでは各成分気体の量を分圧，モル濃度およびモル分率で表したときの平衡定数について考えよう．

12.1.1 圧平衡定数

1.6 節で述べたように，反応物から生成物への反応を正反応，生成物が反応物に戻る反応を逆反応という．反応が進行するにつれて反応物の濃度が減少するため，正反応の速度は小さくなる．逆に，生成物の濃度が増加するため逆反応の速度は大きくなり，ある程度時間が経つと正反応の速度と逆反応の速度が等しくなる．このとき物質量の時間変化がないため，反応が停止したように見える．この状態を**化学平衡**（chemical equilibrium）という．

次の気相化学平衡を考えてみよう．
$$a\mathrm{A} + b\mathrm{B} \rightleftharpoons c\mathrm{C} + d\mathrm{D}$$

反応ギブズエネルギー[1]（reaction Gibbs energy）ΔG は，生成系と反応系のギブズエネルギーの差で与えられる．
$$\Delta G = G(\text{生成物}) - G(\text{反応物})$$
成分 i の**化学ポテンシャル**（chemical potential）[2]を μ_i とすると
$$\Delta G = (c\mu_\mathrm{C} + d\mu_\mathrm{D}) - (a\mu_\mathrm{A} + b\mu_\mathrm{B}) \tag{12.1}$$
混合理想気体では，気体 i の分圧 p_i と化学ポテンシャル μ_i は次式で関係づけられる．
$$\mu_i = \mu_i^\circ + RT \ln p_i \tag{12.2}$$
ここで，μ_i° は分圧 $p_i = 10^5$ Pa のときの化学ポテンシャルであり，**標準化学ポテンシャル**（standard chemical potential）という．また，p_i/p°（$p^\circ = 10^5$ Pa）を単に p_i と表記している．

[1] 化学反応に伴うギブズエネルギー変化．

[2] 多成分系のギブズエネルギーはそれぞれの物質量を n_i とすると次式で表される．
$$G = n_1\mu_1 + n_2\mu_2 + \cdots$$
1 成分（純物質）系では，化学ポテンシャルは 1 mol あたりのギブズエネルギーに等しい．

(12.1)式に代入して式を整理すると

$$\Delta G = (c\mu_C^\circ + d\mu_D^\circ) - (a\mu_A^\circ + b\mu_B^\circ) + RT \ln \frac{(p_C)^c(p_D)^d}{(p_A)^a(p_B)^b} \quad (12.3)$$

ここで

$$\Delta G^\circ = (c\mu_C^\circ + d\mu_D^\circ) - (a\mu_A^\circ + b\mu_B^\circ)$$

とおくと

$$\Delta G = \Delta G^\circ + RT \ln \frac{(p_C)^c(p_D)^d}{(p_A)^a(p_B)^b} \quad (12.4)$$

ΔG° を**標準反応ギブズエネルギー**(standard reaction Gibbs energy)という.

(1) 平衡前

11.5節で述べたように,(12.4)式の $\Delta G < 0$ のとき,正反応が進む.反応の進行とともに,p_A, p_B は低下し,p_C, p_D が上昇するので,ΔG の値は0に近づいていく.

(2) 平衡状態

$\Delta G = 0$ のとき平衡状態になる.(12.4)式より

$$\Delta G^\circ = -RT \ln \frac{(p_C)^c(p_D)^d}{(p_A)^a(p_B)^b} = -RT \ln K_p \quad (12.5)$$

ここで

$$K_p = \frac{(p_C)^c(p_D)^d}{(p_A)^a(p_B)^b} \quad (12.6)$$

である.K_p を**圧平衡定数**という.

定温では,標準化学ポテンシャル μ_i° は物質に固有の値だから,標準反応ギブズエネルギー ΔG° は反応式によって一義的に決まる.したがって,K_p は定数となる.これを**質量作用の法則**(law of mass action)という.このように,標準反応ギブズエネルギー ΔG° がわかれば,(12.5)式を用いて平衡定数を計算することができる.ΔG° が負の大きい値であるほど,平衡定数は大きい値になる(14.2節参照).

例題 12.1 標準生成エンタルピー $\Delta_f H^\circ$(表10.2)および標準エントロピー(表11.2)を用いて,標準状態(10^5 Pa, 298 K)におけるアンモニア生成反応の標準反応ギブズエネルギー ΔG° および圧平衡定数 K_p を求めなさい.

$$N_2(g) + 3H_2(g) \rightleftharpoons 2NH_3(g)$$

解答

$\Delta H^\circ = 2\Delta_f H^\circ(NH_3) = 2 \times (-46.1 \text{ kJ mol}^{-1}) = -92.2 \text{ kJ mol}^{-1}$

$\Delta S^\circ = 2S^\circ(NH_3) - \{S^\circ(N_2) + 3S^\circ(H_2)\}$

$= 2 \times (192.5 \text{ J K}^{-1} \text{ mol}^{-1}) - \{(191.6 \text{ J K}^{-1} \text{ mol}^{-1}) + 3 \times (130.7 \text{ J K}^{-1} \text{ mol}^{-1})\}$

$= -198.7 \text{ J K}^{-1} \text{ mol}^{-1}$

$$\Delta G° = \Delta H° - T\Delta S°$$
$$= (-92.2 \text{ kJ mol}^{-1}) - (298 \text{ K}) \times (-198.7 \text{ J K}^{-1} \text{ mol}^{-1})$$
$$= -33.0 \text{ kJ mol}^{-1}$$

(12.5) 式より
$$\ln K_p = -\frac{\Delta G°}{RT} = -\frac{-33000 \text{ J mol}^{-1}}{(8.31 \text{ J K}^{-1} \text{ mol}^{-1}) \times (298 \text{ K})}$$
$$K_p = 6.13 \times 10^5$$

発熱反応($\Delta H° < 0$)だから,低温であるほど圧平衡定数 K_p は大きくアンモニア生成に有利である(表 12.1 参照).

表 12.1 アンモニア合成反応 $N_2(g) + 3H_2(g) = 2NH_3(g)$ における全圧と NH_3 の平衡濃度(モル分率)および K_p

温度/°C \ 全圧/10^5 Pa	10	100	300	600	K_p
200	0.507	0.815	0.899	0.954	0.98
300	0.147	0.520	0.710	0.926	8.9×10^{-3}
500	0.0121	0.106	0.264	0.575	1.5×10^{-5}
700	0.0023	0.0218	0.0728	0.129	4.5×10^{-7}

12.1.2 濃度平衡定数とモル分率平衡定数

(1) 濃度平衡定数

(1.15)式において,気体 i のモル濃度 $c_i = \dfrac{n_i}{V}$ だから,分圧 p_i は次式で与えられる.
$$p_i = c_i RT \tag{12.7}$$

(12.6)式に代入すると,濃度で表した平衡定数が求められる.
$$K_p = \frac{(c_C)^c (c_D)^d}{(c_A)^a (c_B)^b} (RT)^{(c+d)-(a+b)} = K_c (RT)^{(c+d)-(a+b)} \tag{12.8}$$

ここで
$$K_c = \frac{(c_C)^c (c_D)^d}{(c_A)^a (c_B)^b} \tag{12.9}$$

である.K_c を濃度平衡定数という.

生成物と反応物の化学量論係数の差を
$$\Delta n = (c+d) - (a+b) \tag{12.10}$$

とおくと,濃度平衡定数は次式で与えられる.
$$K_c = K_p (RT)^{-\Delta n} \tag{12.11}$$

(2) モル分率平衡定数

(1.18)式より,気体 i のモル分率 x_i,分圧 p_i および全圧 P は次式で関係づけられる.
$$p_i = x_i P \tag{12.12}$$

(12.6)式に代入すると,モル分率で表した平衡定数が求められる.

$$K_p = \frac{(x_C)^c (x_D)^d}{(x_A)^a (x_B)^b} P^{\Delta n} = K_x P^{\Delta n} \qquad (12.13)$$

ここで

$$K_x = \frac{(x_C)^c (x_D)^d}{(x_A)^a (x_B)^b} \qquad (12.14)$$

である．したがって

$$K_x = K_p P^{-\Delta n} \qquad (12.15)$$

K_x をモル分率平衡定数という．

(a) $\Delta n = 0$ のとき

$K_p = K_c = K_x$ である．すなわち濃度表記に関係なく，平衡定数の値は等しい．

(b) $\Delta n \neq 0$ のとき

K_x は全圧に依存する．K_x の圧力変化については 12.2 節で詳しく述べる．

例題 12.2 気相での解離平衡 A $\rightleftharpoons$ B+C において，1.0×10^6 Pa，1000 K における解離度 $\alpha = 5.0 \times 10^{-3}$ であった．モル分率平衡定数 K_x を求めなさい．

解答 A の物質量 c，解離度を α とすると，平衡時の A, B, C の物質量はそれぞれ $c(1-\alpha), c\alpha, c\alpha$ だから，全物質量は $c(1+\alpha)$ となる．平衡におけるモル分率 $x_A = \dfrac{1-\alpha}{1+\alpha}$，$x_B = x_C = \dfrac{\alpha}{1+\alpha}$ だからモル分率平衡定数 K_x は，(12.14) 式に $\alpha = 5.0 \times 10^{-3}$ を代入すると

$$K_x = \frac{x_B x_C}{x_A} = \frac{\alpha^2}{1-\alpha^2} = 2.5 \times 10^{-5}$$

12.2 ルシャトリエの原理

温度を上げると，平衡は吸熱する方向に移動し，温度上昇に抵抗しようとする．逆に，温度を下げると，平衡は発熱する方向に移動し，温度下降に抵抗しようとする．このように，圧力，温度，濃度[3]などの条件を変化させると，それらの影響を打ち消す方向に平衡が移動し，新たな平衡状態に達することが実験的に見出されている．これをルシャトリエ（Le Chatelier）の原理という．ここでは，平衡定数の温度変化および圧力変化について考えよう．

12.2.1 平衡定数の温度変化

すでに述べたように，定温では圧平衡定数 K_p は一定である．それでは，圧平衡定数はどのような温度変化を受けるのであろうか．圧平衡定数 K_p と標準反応エンタルピー ΔH° の間には次の関係があることが知られている．

[3] 定温で生成物や反応物の分圧を変化させると，平衡が移動し，平衡定数 K_p が一定に保たれる（質量作用の法則）．

$$\frac{\mathrm{d}\ln K_p}{\mathrm{d}T} = \frac{\Delta H^\circ}{RT^2} \tag{12.16}$$

これを**ファントホフ**(van't Hoff)**の式**という．狭い温度範囲で反応エンタルピー一定とみなせるとき（10.3節参照），$\Delta H^\circ = \Delta H = $ 一定として積分すると

$$\ln K_p = -\frac{\Delta H}{RT} + 積分定数 \tag{12.17}$$

温度 T_1, T_2 における平衡定数を K_{p1}, K_{p2} とすると

$$\ln \frac{K_{p2}}{K_{p1}} = -\frac{\Delta H}{R}\left(\frac{1}{T_2} - \frac{1}{T_1}\right) \tag{12.18}$$

平衡定数の温度変化をまとめると

(a) 吸熱反応（$\Delta H > 0$）では，温度が高くなると圧平衡定数は大きくなる．すなわち，生成物が増加する方向に平衡が移動する．
(b) 発熱反応（$\Delta H < 0$）では，温度が高くなると圧平衡定数は小さくなる．すなわち，生成物が減少する方向に平衡が移動する．

例題12.3 図12.1（a）はアンモニア合成反応の圧平衡定数 K_p の温度変化（表12.1）をプロットしたものである．反応エンタルピー ΔH を求めなさい．

解答 $\ln K_p$ 対 $\frac{1}{T}$ のプロットは直線だから，この温度範囲で ΔH は一定とみなすことができる．直線の傾き $-\frac{\Delta H}{R} = 1.3 \times 10^4$ K だから

$$\Delta H = (-1.3 \times 10^4 \text{ K}) \times (8.31 \text{ J K}^{-1}\text{mol}^{-1}) = -110 \text{ kJ mol}^{-1}$$

例題12.4 次の反応 $CO(g) + H_2O(g) \rightleftharpoons CO_2(g) + H_2(g)$ の $T_1 = 298$ K における圧平衡定数 $K_p = 9.87 \times 10^4$ である．398 K における圧平衡定数を計算しなさい．

解答 表10.2より標準反応エンタルピーは
$\Delta H^\circ = \Delta_f H^\circ(CO_2) + \Delta_f H^\circ(H_2) - \{\Delta_f H^\circ(CO) + \Delta_f H^\circ(H_2O)\}$
$= (-393.5 \text{ kJ mol}^{-1}) - \{(-110.5 \text{ kJ mol}^{-1}) + (-241.8 \text{ kJ mol}^{-1})\}$
$= -41.2 \text{ kJ mol}^{-1}$

(12.18)式に $K_{p1} = 9.87 \times 10^4$, $T_1 = 298$ K, $T_2 = 398$ K, $\Delta H(= \Delta H^\circ) = -41200$ J mol^{-1} を代入して K_{p2} を求めると

$$\ln \frac{K_{p2}}{9.87 \times 10^4} = -\frac{-41200 \text{ J mol}^{-1}}{8.31 \text{ J K}^{-1}\text{mol}^{-1}}\left(\frac{1}{398 \text{ K}} - \frac{1}{298 \text{ K}}\right)$$
$$K_{p2} = 1.51 \times 10^3$$

発熱反応（$\Delta H < 0$）であるため，高温にするほど圧平衡定数は小さい．また，後述するように $\Delta n = 0$ だから圧力変化はない．

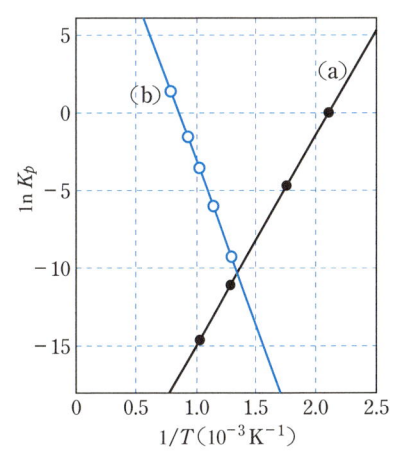

図12.1 平衡定数の温度変化
(a) アンモニアの合成
(b) $CaCO_3$ の分解

12.2.2 平衡定数の圧力変化

ここでは定温でのモル分率平衡定数の圧力変化について考えよう．

生成物と反応物の化学量論係数の差 $\Delta n = (c+d)-(a+b) \neq 0$ のとき[4]

$$K_x = K_p P^{-\Delta n} \quad (12.15)$$

定温では全圧に関係なく K_p は一定（質量作用の法則）である．したがって，モル分率平衡定数 K_x は全圧 P に依存する．

平衡定数の圧力変化をまとめると

> （a）$\Delta n > 0$ のとき，全圧が高いほどモル分率平衡定数は小さくなる．すなわち，生成物が減少する方向に平衡が移動する．
> （b）$\Delta n < 0$ のとき，全圧が高いほどモル分率平衡定数は大きくなる．すなわち，生成物が増加する方向に平衡が移動する．

表 12.1 にアンモニア合成反応に対する全圧の効果を示している．$\Delta n = -2 < 0$ だから，全圧が高いほどモル分率平衡定数は大きく，アンモニア生成に有利である．

[4] $\Delta n = 0$ のとき，$K_x = K_p$ であり圧力変化はない．

12.3 不均一系の化学平衡

固相と気相の間の化学平衡を考えよう．炭酸カルシウムの熱分解反応

$$\mathrm{CaCO_3(s)} \longrightarrow \mathrm{CaO(s)} + \mathrm{CO_2(g)} \quad (12.19)$$

を開放系で行うと，発生した二酸化炭素は系から除かれるので，炭酸カルシウムは完全に酸化カルシウムに分解する．しかし，この熱分解反応を閉鎖系で行うと，反応の進行にともなって二酸化炭素の濃度が増加し，次式の逆反応が起こるようになる．

$$\mathrm{CaO(s)} + \mathrm{CO_2(g)} \longrightarrow \mathrm{CaCO_3(s)} \quad (12.20)$$

二酸化炭素濃度の増加とともに逆反応の速さは増し，正反応と逆反応の速度が等しくなったとき，次の化学平衡が成立する．

$$\mathrm{CaCO_3(s)} \rightleftharpoons \mathrm{CaO(s)} + \mathrm{CO_2(g)} \quad (12.21)$$

それぞれの化学ポテンシャルを $\mu_{\mathrm{CaCO_3}}$, μ_{CaO}, $\mu_{\mathrm{CO_2}}$ とすると，反応ギブズエネルギー ΔG は次式で与えられる．

$$\Delta G = (\mu_{\mathrm{CaO}} + \mu_{\mathrm{CO_2}}) - \mu_{\mathrm{CaCO_3}} \quad (12.22)$$

標準状態では

$$\Delta G° = (\mu_{\mathrm{CaO}}° + \mu_{\mathrm{CO_2}}°) - \mu_{\mathrm{CaCO_3}}° \quad (12.23)$$

である．$\mu_{\mathrm{CaO}} = \mu_{\mathrm{CaO}}°$，$\mu_{\mathrm{CaCO_3}} = \mu_{\mathrm{CaCO_3}}°$ だから，(12.22)式 −(12.23)式より

$$\Delta G - \Delta G° = \mu_{\mathrm{CO_2}} - \mu_{\mathrm{CO_2}}° \quad (12.24)$$

ここで

$$\mu_{\mathrm{CO_2}} = \mu_{\mathrm{CO_2}}° + RT \ln p_{\mathrm{CO_2}} \quad (12.2)$$

を代入すると

$$\Delta G = \Delta G^\circ + RT \ln p_{CO_2} \quad (12.25)$$

平衡状態では $\Delta G = 0$ だから，次式が得られる．

$$\Delta G^\circ = -RT \ln p_{CO_2} \quad (12.26)$$

ここで

$$\Delta G^\circ = -RT \ln K_p \quad (12.5)$$

と比較すると

$$K_p = p_{CO_2} \quad (12.27)$$

となり，圧平衡定数 K_p は熱分解により生じる二酸化炭素の分圧 p_{CO_2} に等しい．これを**解離圧**（dissociation pressure）といい，系に炭酸カルシウムが存在している限り一定温度では一定である．

炭酸カルシウムの圧平衡定数（解離圧）K_p の温度変化を表 12.2 に示す．また $\ln K_p$ の温度の逆数 $1/T$ に対するプロットを図 12.1（b）に示す．温度上昇とともに，解離圧が大きくなることがわかる．

表 12.2　$CaCO_3$ の解離圧

温度/℃	解離圧
500	9.6×10^{-5}
600	2.4×10^{-3}
700	2.9×10^{-2}
800	2.2×10^{-1}
1000	3.9

章末問題 12

1. 気相での解離反応 $A \rightleftharpoons B + C$ において全圧を増加させると解離反応に有利か，答えなさい．ただし，温度は一定とする．

2. 表 10.2 および表 11.2 を用いて，標準状態において次の反応が自発的に進むかどうか答えなさい．
   (a) $CO(g) + 2H_2(g) = CH_3OH(l)$
   (b) $N_2(g) + O_2(g) = 2NO(g)$
   (c) $CO(g) + \frac{1}{2}O_2(g) = CO_2(g)$
   (d) $C_2H_6 + \frac{7}{2}O_2(g) = 2CO_2 + 3H_2O(l)$

3. 表 10.2 および表 11.2 を用いて，標準状態（10^5 Pa, 25 ℃）における次の反応 $NO(g) + \frac{1}{2}O_2(g) \rightleftharpoons NO_2(g)$ の圧平衡定数 K_p を求めなさい．

4. 水素とヨウ素の反応 $H_2(g) + I_2(g) = 2HI(g)$ の濃度平衡定数 $K_c = 4.8 \times 10^{-3}$ M^{-1} である．$H_2(g)$ と $I_2(g)$ の初濃度がそれぞれ 3.0 M, 1.0 M のとき，$HI(g)$ の平衡濃度を求めなさい．

5. 反応 $C_2H_6(g) \rightleftharpoons C_2H_4(g) + H_2(g)$ の圧平衡定数は，500 K で $K_p = 1.23 \times 10^{-8}$，800 K で $K_p = 4.52 \times 10^{-3}$ である．この温度範囲で ΔH は一定として，反応エンタルピー ΔH を求めなさい．

6. 炭酸カルシウムの熱分解反応 $CaCO_3(s) \rightleftharpoons CaO(s) + CO_2(g)$ の反応エンタルピー ΔH を求めなさい．（図 12.1 の直線の傾き $-\frac{\Delta H}{R} = -2.1 \times 10^4$ K とする．）

13 | 酸塩基平衡

水に溶けたとき完全に電離する酸や塩基をそれぞれ**強酸**（strong acid）や**強塩基**（strong base）といい，酢酸やアンモニアなどのように一部しか電離しない酸や塩基をそれぞれ**弱酸**（weak acid）や**弱塩基**（weak base）という．本章では，物質収支の式，電気的中性の式および酸（塩基）解離定数を用いて計算する一般的解法を学び，弱酸や弱塩基の水溶液，塩の水溶液および緩衝溶液でのイオン平衡について考える．

13.1 酸塩基の概念

13.1.1 ブレンステッドの酸塩基

1923年，**ブレンステッド**（Brønsted）と**ローリー**（Lowry）は，プロトン供与体を酸，プロトン受容体を塩基と定義した．

酸 HA や塩基 B が水に溶け，次の電離平衡にあるとき

$$HA(酸) + H_2O(塩基) \rightleftharpoons A^-(塩基) + H_3O^+(酸)^{1)} \quad (13.1)$$
$$B(塩基) + H_2O(酸) \rightleftharpoons BH^+(酸)^{2)} + OH^-(塩基) \quad (13.2)$$

(13.1) 式では，HA は H_2O に H^+（プロトン）[1]を供与したので酸であり，H_2O はプロトンを受容したので塩基である．生じた A^- はプロトンを受容することができるので塩基である．

(13.2) 式では，H_2O は B にプロトンを供与したので酸であり，B はプロトンを受容したので塩基である．生じた BH^+ はプロトンを放出できるので酸である．この定義では，プロトンを供与する物質が酸であり，プロトン自体は酸ではない．

13.1.2 ルイスの酸塩基

それに対して，**ルイス**（Lewis）は，電子対受容体を酸，電子対供与体を塩基と定義している．たとえば，HCl と NaOH の酸塩基反応において

$$H^+ + :OH^- \rightleftharpoons H_2O \quad (13.3)$$

プロトンは電子対を受容しているので酸であり，:OH^- はプロトンに電子対を供与しているので塩基である．Na^+ と Cl^- が反応しないのは，Na^+ の酸性および Cl^- の塩基性が非常に弱いためである．この定義では，**陽イオン**（cation）はすべて酸であり，**陰イオン**（anion）は

---

1) 第2章で述べたように，プロトン（陽子）は水素の原子核そのものであり，その大きさは水素原子の約10万分の1程度である．したがって H^+ の表面電荷密度は非常に大きいので，水溶液中では単独の H^+ ではなく水和プロトン（オキソニウムイオン）を形成している．水和プロトンは $H_9O_4^+$ の組成をもつと考えられているが，通常 H_3O^+ と書かれることが多い．平衡計算においては，簡略化して単に H^+ と表記している．

2) B が NH_3 の場合，BH^+ は NH_4^+ を表している．

すべて塩基だから，錯生成反応はルイスの酸塩基反応に含まれる．

水溶液中の酸塩基反応は，必ずプロトンの移動を伴うので，ブレンステッドの酸塩基の概念が便利である．酸 HA の強さは，A⁻ の塩基性の強さと密接に関係している．たとえば，CH_3COOH が弱酸であるのは CH_3COO^- の塩基性が強いためであり，HCl が強酸であるのは Cl^- の塩基性が弱いためである．同じように，塩基 B の強さは，BH^+ の酸性の強さに関係している．

13.2 酸解離定数と塩基解離定数

(13.1)式の平衡定数

$$K_a(HA) = \frac{[H^+][A^-]}{[HA]} \qquad (13.4)$$

(13.2)式の平衡定数

$$K_b(B) = \frac{[BH^+][OH^-]}{[B]} \qquad (13.5)$$

をそれぞれ酸解離定数 $K_a(HA)$ および塩基解離定数 $K_b(B)$ という[3]．いくつかの弱酸の酸解離定数と弱塩基の塩基解離定数をそれぞれ表 13.1[4] および表 13.2 に示す．

3) 酸解離定数 $K_a(HA)$ や塩基解離定数 $K_b(B)$ の単位は $M(mol\ dm^{-3})$ である．

4) 表 13.1 において，酸解離定数 K_a が大きいほど（$pK_a(=-\log K_a)$ が小さいほど），強い酸である．本章では，有効数字は2桁である．対数は整数部分（指標）と小数部分（仮数）からなるが，小数部分だけが有効数字である．たとえば，H_3PO_4 の $pK_{a3}=12.68$ では，有効数字は小数部分（68）の2桁であり，整数部分（12）は有効数字に入らない．

表 13.1 水溶液中の弱酸の酸解離定数 (25 °C)

酸	分子式	n	K_{an}	pK_{an}
酢酸	CH_3COOH	1	1.8×10^{-5}	4.74
モノクロロ酢酸	$ClCH_2COOH$	1	1.4×10^{-3}	2.85
トリクロロ酢酸	Cl_3CCOOH	1	2.0×10^{-1}	0.70
ギ酸	$HCOOH$	1	1.8×10^{-4}	3.74
シュウ酸	$(COOH)_2$	1	5.9×10^{-2}	1.23
		2	6.4×10^{-5}	4.19
フッ化水素酸	HF	1	6.8×10^{-4}	3.17
ヨウ素酸	HIO_3	1	1.7×10^{-1}	0.77
硫化水素	H_2S	1	9.1×10^{-8}	7.04
		2	1.3×10^{-14}	13.89
硫酸	H_2SO_4	2	1.2×10^{-2}	1.92
リン酸	H_3PO_4	1	7.5×10^{-3}	2.12
		2	6.2×10^{-8}	7.21
		3	2.1×10^{-13}	12.68

表 13.2 水溶液中の弱塩基の塩基解離定数 K_{bn} (25 °C)

塩基	分子式	n	K_{bn}	pK_{bn}
アンモニア	NH_3	1	1.8×10^{-5}	4.74
エチルアミン	$CH_3CH_2NH_2$	1	6.4×10^{-4}	3.19
エチレンジアミン	$NH_2CH_2C_4H_4NH_2$	1	5.2×10^{-4}	3.29
		2	3.7×10^{-7}	6.44
ジメチルアミン	$(CH_3)_2NH$	1	5.4×10^{-4}	3.28
トリメチルアミン	$(CH_3)_3N$	1	6.5×10^{-5}	4.19
ヒドラジン	H_2NNH_2	1	1.7×10^{-6}	5.77
ヒドロキシルアミン	$HONH_2$	1	1.1×10^{-8}	7.96
ピリジン	C_5H_5N	1	1.8×10^{-9}	8.74
メチルアミン	CH_3NH_2	1	3.7×10^{-4}	3.43

5) 塩基 A^- の電離平衡は次式で与えられる．
$$A^- + H_2O \rightleftharpoons HA + OH^- \quad (13.35)$$

6) 酸 BH^+ の電離平衡は次式で与えられる．
$$BH^+ + H_2O \rightleftharpoons B + H_3O^+ \quad (13.44)$$

7) $pH = -\log[H^+]$,
$pOH = -\log[OH^-]$
とすると，$pH + pOH = 14.00$ となる．

一方，A^- の塩基解離定数 $K_b(A^-)$ は[5]

$$K_b(A^-) = \frac{[HA][OH^-]}{[A^-]} \quad (13.6)$$

BH^+ の酸解離定数は[6]

$$K_a(BH^+) = \frac{[B][H^+]}{[BH^+]} \quad (13.7)$$

となる．

ここで水の**イオン積**（ionic product）

$$K_w = [H^+][OH^-]^{7)} = 1.0 \times 10^{-14} \, M^2 \quad (13.8)$$

だから，(13.4)式，(13.6)式および(13.8)式より次式が得られる．

$$K_a(HA)K_b(A^-) = K_w \quad (13.9)$$

同様に塩基 B に対しても，(13.5)式，(13.7)式および(13.8)式より

$$K_a(BH^+)K_b(B) = K_w \quad (13.10)$$

が成立する．

K_a と K_b の積は一定だから，酸 HA が弱酸であるほど A^- は強塩基であり[(13.9)式]，B が弱塩基であるほど BH^+ は強酸となる[(13.10)式]．そのため弱酸と強塩基の塩や弱塩基と強酸の塩の水溶液は，加水分解する．塩の水溶液については，13.5節で詳しく述べる．

13.3 弱酸の水溶液

13.3.1 一塩基酸 HA の水溶液

(1) 電離度 α を用いる方法[8]

濃度 C_{HA} の一塩基酸 HA の水溶液を考えよう．次の電離平衡にお

8) 電離度法では常に $[H^+] = [A^-] = C_{HA}\alpha$ とおくが，これは一般的解法の(13.17)式で $[OH^-]$ が無視できる場合に限られる．

いて
$$HA \rightleftharpoons H^+ + A^-$$

電離度 (degree of dissociation) を α[9] とすると

$$[HA] = C_{HA}(1-\alpha) \quad (13.11)$$
$$[H^+] = [A^-] = C_{HA}\alpha \quad (13.12)$$

(13.4) 式に代入すると

$$K_a = \frac{\alpha^2 C_{HA}}{1-\alpha} \quad (13.13)$$

式を整理すると，α に関する 2 次方程式が得られる．

$$C_{HA}\alpha^2 + K_a\alpha - K_a = 0 \quad (13.14)$$

$1 \gg \alpha$ の場合，(13.13) 式は次式に近似できるので

$$K_a = \alpha^2 C_{HA}$$
$$\alpha = \sqrt{\frac{K_a}{C_{HA}}} \quad (13.15)$$

となる．

酸解離定数 K_a は一定だから，電離度 α は低濃度であるほど大きくなる．電離度 α が求められると，(13.12) 式より $[H^+]$ を計算することができる．

(2) 一般的解法

一般的解法では，物質収支の式，電気的中性の式[10] および酸（塩基）解離定数を用いて方程式を立てる．濃度 C_{HA} の一塩基酸 HA では

$$\text{物質収支の式}: C_{HA} = [HA] + [A^-] \quad (13.16)$$
$$\text{電気的中性の式}: [H^+] = [A^-] + [OH^-] \quad (13.17)$$
$$\text{酸解離定数}: K_a = \frac{[H^+][A^-]}{[HA]} \quad (13.4)$$

酸性水溶液で $[H^-] \gg [OH^-]$ が成立するとき，(13.17) 式は次式で近似できる．

$$[H^+] = [A^-] \quad (13.18)$$

(13.4) 式に代入すると

$$K_a = \frac{[H^+]^2}{C_{HA} - [H^+]} \quad (13.19)$$

式を整理すると，$[H^+]$ に関する 2 次方程式

$$[H^+]^2 + K_a[H^+] - K_a C_{HA} = 0 \quad (13.20)$$

が得られるので，$[H^+]$ を求めることができる．

例題 13.1　0.10 M の酢酸水溶液の pH と電離度 α を求めなさい．

解答　(a) (13.15) 式より電離度 α を求めると，

9) 硝酸，過塩素酸などの強酸は完全に電離するので，電離度 $\alpha = 1$ である．このとき，$C_{HA} = [H^+]$ となるため，強酸の強さは区別できない．これを水による水平化効果 (leveling effect) と呼んでいる．

10) すべての溶液は電気的に中性であり，陽イオンの全電荷と陰イオンの全電荷は等しい．電荷均衡の式と呼ぶこともある．

$$\alpha = \sqrt{\frac{1.8 \times 10^{-5} \text{ M}}{0.10 \text{ M}}} = 1.3 \times 10^{-2}$$

(13.12)式に代入すると
$$[\text{H}^+] = C_{\text{HA}}\alpha = (0.10 \text{ M}) \times (1.3 \times 10^{-2}) = 1.3 \times 10^{-3} \text{ M}$$

(b) $K_a = 1.8 \times 10^{-5}$ M を代入して(13.20)式の2次方程式を解くと
$$[\text{H}^+] = 1.3 \times 10^{-3} \text{ M}$$
$$\text{pH} = 2.89$$

$[\text{H}^+] \gg [\text{OH}^-]$ が成立しているので，電離度法で得られた計算値に一致する．

13.3.2　二塩基酸 H_2A の水溶液

濃度 C_A の二塩基酸 H_2A[11] の水溶液を考えよう．H_2A は次のように二段に電離するので

$$H_2A \rightleftharpoons H^+ + HA^- \quad (13.21)$$
$$HA^- \rightleftharpoons H^+ + A^{2-} \quad (13.22)$$

物質収支の式：$C_A = [H_2A] + [HA^-] + [A^{2-}] \quad (13.23)$

電気的中性の式：$[H^+] = [HA^-] + 2[A^{2-}]$[12]$ + [OH^-] \quad (13.24)$

酸解離定数：$K_{a1} = \dfrac{[H^+][HA^-]}{[H_2A]} \quad (13.25)$

$$K_{a2} = \dfrac{[H^+][A^{2-}]}{[HA^-]} \quad (13.26)$$

一般に $K_{a1} \gg K_{a2}$ であり，H_2A の電離で生じた H^+ のため(13.22)式の HA^- の電離は抑制される．これを**共通イオン効果**[13]（common-ion effect）という．したがって，(13.23)式は次のように近似することができる．

$$C_A = [H_2A] + [HA^-] \quad (13.27)$$

また，酸性水溶液で $[H^+] \gg [OH^-]$ が成立するとき，(13.24)式は

$$[H^+] = [HA^-] \quad (13.28)$$

に近似できるので，(13.25)式に代入して，式を整理すると次の2次方程式が得られる．

$$[H^+]^2 + K_{a1}[H^+] - K_{a1}C_A = 0 \quad (13.29)$$

つまり，(13.21)式だけを考慮すればいいので，一塩基酸 HA と同じように取り扱うことができる．$[H^+]$ が求められると，(13.28)式より $[HA^-]$，さらに(13.27)式より $[H_2A]$ が計算できる．また，(13.26)式において $[H^+] = [HA^-]$ だから，$[A^{2-}] = K_{a2}$ となる．

13.4　弱塩基の水溶液

濃度 C_B の弱塩基 B の水溶液の pH を考えよう．たとえば，アンモニアが水に溶け，次の電離平衡にあるとき

---

[11] 二塩基酸 H_2A のなかで，H_2SO_4 は強酸であり水に溶けると $H_2SO_4 \longrightarrow H^+ + HSO_4^-$ に完全に電離する．生じた HSO_4^- は弱酸であり，$HSO_4^- \rightleftharpoons H^+ + SO_4^{2-}$ の酸解離定数 $K_{a2} = 1.2 \times 10^{-2}$ M である（表13.1）．

[12] たとえば，Na_2SO_4 が水に溶けると（$Na_2SO_4 \longrightarrow 2Na^+ + SO_4^{2-}$），電気的中性の式は $[Na^+] = 2[SO_4^{2-}]$ である．このように，2価のイオンでは係数2，3価のイオンでは係数3となる．

[13] $HA^- \rightleftharpoons H^+ + A^{2-}$ が電離平衡にあるとき，H^+ を加えると平衡は左方向に移動し，K_{a2} は一定に保たれる（ルシャトリエの原理）．

$$NH_3 + H_2O \rightleftharpoons NH_4^+ + OH^-$$

一般的解法では

物質収支の式：$C_B = [NH_3] + [NH_4^+]$　　　　(13.30)

電気的中性の式：$[H^+] + [NH_4^+] = [OH^-]$　　　　(13.31)

塩基解離定数：$K_b = \dfrac{[NH_4^+][OH^-]}{[NH_3]}$　　　　(13.5)

水のイオン積：$K_w = [H^+][OH^-]$　　　　(13.8)

塩基性水溶液で $[OH^-] \gg [H^+]$ が成立するとき，(13.31)式は次式で近似できる．

$$[NH_4^+] = [OH^-] \quad (13.32)$$

(13.5)式に代入すると

$$K_b = \frac{[OH^-]^2}{C_B - [OH^-]} \quad (13.33)$$

式を整理すると，次の 2 次方程式が得られる．

$$[OH^-]^2 + K_b[OH^-] - K_b C_B = 0 \quad (13.34)$$

$[OH^-]$ が求められると，(13.8)式を用いて $[H^+]$ を計算することができる．

例題 13.2　0.10 M アンモニア水溶液の pH を求めなさい．

解答　アンモニアの塩基解離定数 $K_b = 1.8 \times 10^{-5}$ M を代入して(13.34)式の 2 次方程式を解くと

$$[OH^-] = 1.3 \times 10^{-3} \text{ M} \quad (pOH = 2.89)$$

(13.8)式より

$$[H^+] = \frac{K_w}{[OH^-]} = 7.7 \times 10^{-12} \text{ M}$$

したがって

$$pH = 11.11$$

13.5　塩の水溶液

NaCl のような強酸と強塩基から生じた塩が水に溶けると，中性の水溶液が得られる．それに対して，弱酸と強塩基から生じた塩の水溶液は塩基性，強酸と弱塩基から生じた塩の水溶液は酸性を示す．ここで，なぜそのような違いが生じるか考えよう．

13.5.1　弱酸と強塩基から生じた塩の水溶液

弱酸 HA と強塩基 NaOH から生じた塩 NaA が水に溶けると，Na^+ と A^- に完全に電離する[14]．生じた A^- は加水分解[15]（hydrolysis）して

$$A^- + H_2O \rightleftharpoons HA + OH^- \quad (13.35)$$

水溶液は塩基性を示す．(13.9)式より，HA の K_a(HA) が小さいほ

14）　水は比誘電率（真空の誘電率との比）の非常に大きい溶媒である．塩は水に溶けると安定な水和イオンを形成する．イオン間に働くクーロン力は比誘電率に逆比例するため，その結果，塩は水和イオンに完全に電離する（5.1.1 項参照）．

溶媒	比誘電率
水	78.3
エタノール	46.6
ニトロベンゼン	34.8
アセトン	20.7
ジエチルエーテル	4.2
ベンゼン	2.2

15）　弱酸の塩を水に溶かすと，水からプロトンを引き抜き，もとの弱酸と OH^- を生じる．また，弱塩基の塩は水にプロトンを供与して，もとの弱塩基と H_3O^+ を生じる．これを塩の加水分解という．

ど $K_b(A^-)$ が大きいので，pH は高くなる．

濃度 C_s の NaA の水溶液を考えよう．A^- の塩基解離定数 $K_b(A^-)$ は，(13.9)式と組み合わせると

$$K_b(A^-) = \frac{[HA][OH^-]}{[A^-]} = \frac{K_w}{K_a(HA)} \quad (13.36)$$

物質収支の式：$C_s = [Na^+] = [HA] + [A^-]$ (13.37)

電気的中性の式：$[Na^+] + [H^+] = [A^-] + [OH^-]$ (13.38)

塩基性水溶液で $[H^+] \ll [OH^-]$ が成立するとき，(13.37)式および(13.38)式より

$$[HA] = [OH^-] \quad (13.39)$$

(13.36)式に代入すると，弱塩基の水溶液における(13.33)式と同じ式が得られる．

$$K_b(A^-) = \frac{[OH^-]^2}{C_s - [OH^-]} = \frac{K_w}{K_a(HA)} \quad (13.40)$$

$C_s \gg [OH^-]$ が成立するとき（注：通常の濃度条件では常に成立する）

$$[OH^-] = \sqrt{\frac{K_w C_s}{K_a(HA)}} \quad (13.41)$$

(13.8)式より

$$[H^+] = \sqrt{\frac{K_a(HA) K_w}{C_s}} \quad (13.42)$$

両辺の対数をとると

$$pH = \frac{1}{2}\{pK_a(HA) + \log C_s + 14.00\} \quad (13.43)$$

例題 13.3 0.10 M 酢酸水溶液 50 cm³ と 0.10 M 水酸化ナトリウム水溶液 50 cm³ を混ぜ合わせた．この水溶液の pH を求めなさい．

解答 0.050 M 酢酸ナトリウム水溶液だから，(13.43)式より

$$pH = \frac{1}{2}(4.74 - 1.30 + 14.00) = 8.72$$

13.5.2 弱塩基と強酸から生じた塩の水溶液

弱塩基 B（たとえば NH_3）と HCl から生じた塩 BHCl が水に溶けると，BH^+ と Cl^- に完全に電離する．生じた BH^+ は加水分解して水溶液は酸性を示す．

$$BH^+ + H_2O \rightleftharpoons B + H_3O^+ \quad (13.44)$$

濃度 C_s の BHCl 水溶液を考えよう．(13.44)式は弱酸 BH^+ の酸解離平衡と考えることができるので，(13.10)式と組み合わせると

$$K_a(BH^+) = \frac{[B][H^+]}{[BH^+]} = \frac{K_w}{K_b(B)} \quad (13.45)$$

物質収支の式：$C_s = [Cl^-] = [B]+[BH^+]$ (13.46)

電気的中性の式：$[H^+]+[BH^+] = [OH^-]+[Cl^-]$ (13.47)

酸性水溶液で $[H^+] \gg [OH^-]$ が成立するとき

$$[H^+]+[BH^+] = [Cl^-] \quad (13.48)$$

(13.46)式と組み合わせると

$$[H^+] = [B] \quad (13.49)$$

(13.45)式に代入すると，弱酸の水溶液における(13.19)式と同じ式が得られる．

$$K_a(BH^+) = \frac{[H^+]^2}{C_s - [H^+]} \quad (13.50)$$

$C_s \gg [H^+]$ が成立するとき（注：通常の濃度条件では常に成立する）

$$K_a(BH^+) = \frac{[H^+]^2}{C_s} \quad (13.51)$$

式を整理すると

$$[H^+] = \sqrt{K_a(BH^+) C_s} = \sqrt{\frac{K_w C_s}{K_b(B)}} \quad (13.52)$$

両辺の対数をとると

$$\mathrm{pH} = \frac{1}{2}\{14.00 - \mathrm{p}K_b(B) - \log C_s\} \quad (13.53)$$

例題 13.4 0.10 M アンモニア水溶液 50.0 cm³ に 0.10 M 塩酸水溶液 50.0 cm³ を混ぜ合わせた．この水溶液の pH を求めなさい．

解答 0.050 M 塩化アンモニウム水溶液だから，(13.53)式より

$$\mathrm{pH} = \frac{1}{2}(14.00 - 4.74 + 1.30) = 5.28$$

13.6 緩衝液

弱酸とその塩の混合水溶液や弱塩基とその塩の混合水溶液は，少量の酸や塩基を添加しても pH の変化が小さい．このような作用を**緩衝作用**（buffer action）といい，緩衝作用をもつ溶液を**緩衝液**（buffer solution）という．

13.6.1 弱酸とその塩の混合水溶液（酸性の緩衝液）

濃度 $C(HA)$ の弱酸 HA と濃度 $C(A^-)$ の塩 NaA の混合水溶液を考えよう．

NaA は水に溶けると Na^+ と A^- に完全に電離するので，A^- の共通イオン効果のため，HA の電離は抑制される．

$$NaA \longrightarrow Na^+ + A^-$$
$$HA \longleftarrow H^+ + A^-$$

したがって

$$[HA] = C(HA) \quad (13.54)$$
$$[A^-] = C(A^-)^{16)} \quad (13.55)$$

に近似できるので，(13.4) 式に代入すると次式が得られる．

$$K_a(HA) = \frac{[H^+]C(A^-)}{C(HA)} \quad (13.56)$$

両辺の対数をとると

$$pH = pK_a(HA) + \log\frac{C(A^-)}{C(HA)} \quad (13.57)$$

この式を**ヘンダーソン**(Henderson)**式**といい，加えた HA の濃度 $C(HA)$ と NaA の濃度 $C(A^-)$ で簡単に pH を計算することができる．$C(HA)$ および $C(A^-)$ が大きいほど緩衝作用は強くなる．$\frac{C(A^-)}{C(HA)} = 1$ のとき，溶液の pH は $pK_a(HA)$ に等しい．

例題 13.5 0.20 M 酢酸水溶液 50 cm³ と 0.22 M 酢酸ナトリウム水溶液 50 cm³ を混合して調製した緩衝溶液の pH を求めなさい．また，この緩衝液に 10.0 M 塩酸を 0.10 cm³ 加えたときの pH を求めなさい．ただし，体積変化は無視してよい．

解答 酢酸の $pK_a = 4.74$，$C(HA) = 0.10$ M，$C(A^-) = 0.11$ M だから，(13.57) 式より

$$pH = pK_a + \log\frac{0.11}{0.10} = 4.74 + 0.04 = 4.78$$

加えた HCl の物質量だけ CH_3COO^- が CH_3COOH に変化したので

$$pH = pK_a + \log\frac{0.11 - 0.01}{0.10 + 0.01} = 4.74 - 0.04 = 4.70$$

このように，少量の酸を加えても pH の変化はわずかである．

13.6.2 弱塩基とその塩の混合水溶液（塩基性の緩衝液）

濃度 $C(B)$ の弱塩基 B と濃度 $C(BH^+)$ の塩 BHCl の混合水溶液を考えよう．

BHCl は水に溶けると BH^+ と Cl^- に完全に電離するので，BH^+ の共通イオン効果のため，B の電離は抑制される．

$$BHCl \longrightarrow BH^+ + Cl^-$$
$$B + H_2O \longleftarrow BH^+ + OH^-$$

したがって

$$[BH^+] = C(BH^+) \quad (13.58)$$
$$[B] = C(B)^{17)} \quad (13.59)$$

に近似できるので，(13.5) 式に代入すると次式が得られる．

$$K_b(B) = \frac{C(BH^+)[OH^-]}{C(B)} \quad (13.60)$$

---

16) 物質収支の式
$[HA] + [A^-] = C(HA) + C(A^-)$ (1)
$[Na^+] = C(A^-)$ (2)
電気的中性の式
$[H^+] + [Na^+] = [A^-] + [OH^-]$ (3)
$[Na^+] \gg [H^+]$ が成立するとき（$C(A^-)$ が十分大きいとき），(2) 式および (3) 式より
$[A^-] = C(A^-)$ (13.55)
(1) 式に代入すると
$[HA] = C(HA)$ (13.54)

17) 物質収支の式
$[B] + [BH^+] = C(B) + C(BH^+)$ (1)
$[Cl^-] = C(BH^+)$ (2)
電気的中性の式
$[H^+] + [BH^+] = [Cl^-] + [OH^-]$ (3)
$[Cl^-] \gg [OH^-]$ が成立するとき（$C(BH^+)$ が十分大きいとき），(2) 式および (3) 式より
$[BH^+] = C(BH^+)$ (13.58)
(1) 式に代入すると
$[B] = C(B)$ (13.59)

両辺の対数をとると

$$\log[\mathrm{OH^-}] + \log\frac{C(\mathrm{BH^+})}{C(\mathrm{B})} = \log K_\mathrm{b}(\mathrm{B}) \tag{13.61}$$

$\mathrm{pH} + \mathrm{pOH} = \mathrm{p}K_\mathrm{w}$ より

$$\mathrm{pH} = \mathrm{p}K_\mathrm{w} - \mathrm{p}K_\mathrm{b}(\mathrm{B}) + \log\frac{C(\mathrm{B})}{C(\mathrm{BH^+})} \tag{13.62}$$

このように，加えた濃度 $C(\mathrm{B})$ および $C(\mathrm{BH^+})$ を用いて簡単に pH を計算することができる．

例題 13.6 1.0 M アンモニア水溶液 100 cm³ に 0.50 M 塩酸水溶液 50 cm³ を加えた溶液の pH を求めなさい．

解答

$$C(\mathrm{NH_3}) = \frac{(1.0\,\mathrm{M}) \times (100\,\mathrm{cm^3}) - (0.50\,\mathrm{M}) \times (50\,\mathrm{cm^3})}{(100\,\mathrm{cm^3}) + (50\,\mathrm{cm^3})} = 0.50\,\mathrm{M}$$

$$C(\mathrm{NH_4^+}) = \frac{(0.50\,\mathrm{M}) \times (50\,\mathrm{cm^3})}{(100\,\mathrm{cm^3}) + (50\,\mathrm{cm^3})} = 0.17\,\mathrm{M}$$

$\mathrm{p}K_\mathrm{b}(\mathrm{NH_3}) = 4.74$ だから，(13.62) 式より

$$\mathrm{pH} = \mathrm{p}K_\mathrm{w} - \mathrm{p}K_\mathrm{b}(\mathrm{NH_3}) + \log\frac{C(\mathrm{NH_3})}{C(\mathrm{NH_4^+})} = 14.00 - 4.74 + 0.47 = 9.73$$

よく用いられる緩衝液と有効な pH 範囲を表 13.3 に示す．適当な $\mathrm{p}K_\mathrm{a}(\mathrm{HA})$ や $\mathrm{p}K_\mathrm{b}(\mathrm{B})$ の値をもつ弱酸あるいは弱塩基を選び，それらの塩と適当な濃度比で組み合わせることにより目的の緩衝液をつくることができる．

表 13.3 緩衝液 (25 ℃)

緩衝液の組成	pH 領域
クエン酸—水酸化ナトリウム	2.2 – 6.5
リン酸二水素カリウム—リン酸水素二ナトリウム	4.5 – 9.2
酢酸—酢酸ナトリウム	3.4 – 5.9
アンモニア—塩化アンモニウム	8.3 – 10.8
炭酸ナトリウム—炭酸水素ナトリウム	9.2 – 10.6

章末問題 13

1. 0.050 M ギ酸水溶液の解離度 α および pH を求めなさい．
2. 0.10 M モノクロロ酢酸水溶液中の $[H^+]$，$[ClH_2COOH]$，$[ClH_2COO^-]$ を求めなさい．
3. 0.010 M アンモニア水溶液中の $[NH_3]$，$[NH_4^+]$ および $[OH^-]$ を求めなさい．
4. 0.10 M メチルアミン水溶液の pH を求めなさい．
5. 0.010 M ギ酸ナトリウム水溶液の pH を求めなさい．
6. 0.050 M リン酸水溶液中の $[H^+]$，$[H_3PO_4]$，$[H_2PO_4^-]$，$[HPO_4^{2-}]$ および $[PO_4^{3-}]$ を求めなさい．
7. 0.10 M 酢酸水溶液 50 cm^3 に 0.050 M 水酸化ナトリウム水溶液 50 cm^3 を混ぜ合わせた．この水溶液の pH を求めなさい．
8. 0.10 M アンモニア水溶液 50 cm^3 に 0.050 M 塩化アンモニウム水溶液 50 cm^3 を混ぜ合わせた．この水溶液の pH を求めなさい．

酸化還元平衡 14

イオン，原子や分子などの化学種が電子を受容することを還元（reduction），電子を放出することを酸化（oxidation）という．酸化と還元は必ず同時に起こるので，このような電子の移動を伴う反応を酸化還元反応（redox reaction）と呼ぶ．本章では，まず可逆電池の起電力について学び，イオン化傾向と標準電極（酸化還元）電位の関係を理解する．さらに，酸化還元反応が自然に進む方向およびその平衡定数について考える．

14.1 電 池

硫酸銅(II)の水溶液に亜鉛板を浸すと，水溶液中に Zn^{2+} が溶け出し，亜鉛板上に銅が析出する．

$$Cu^{2+} + 2e^- \longrightarrow Cu$$
$$Zn \longrightarrow Zn^{2+} + 2e^-$$

まとめると，次式の酸化還元反応[1]が自発的に進行する．

$$Cu^{2+} + Zn \rightleftharpoons Cu + Zn^{2+} \tag{14.1}$$

酸化還元反応が可逆に進むとき，反応のエネルギーを電気エネルギーに変換する装置をガルバニ電池（galvanic cell）という．

図14.1に示すダニエル電池は，銅板を浸けた硫酸銅(II)水溶液と亜鉛板を浸けた硫酸亜鉛(II)水溶液を素焼き板などの隔膜で隔てた構造をしており，電池図式[2]で次のように表される．

$$Zn | Zn^{2+} || Cu^{2+} | Cu \tag{14.2}$$

電池反応は(14.1)式で表される．すなわち，亜鉛電極では酸化反応が起こり，Zn^{2+} が水溶液中に溶け出す．亜鉛電極上の電子は導線を通って銅電極に流れるので，銅電極では Cu^{2+} が還元される．電子の流れと反対の方向を電流の流れる方向と定義するので，銅電極が正極，亜鉛電極が負極[3]になる．

電池の右半分と左半分をそれぞれ半電池（half cell）という．それぞれの半電池は一定の電極電位を示し，電池の起電力は左右の半電池の電極電位の差に等しい．この電極電位が酸化還元平衡を学ぶ基本となるので，以下に詳しく説明する．

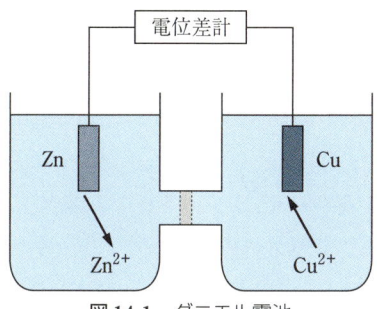

図14.1 ダニエル電池

[1] 酸化還元反応とルイスの酸塩基反応は，ともに電子の移動を伴う反応である．次のルイスの酸塩基反応 $H^+ + :OH^- \rightleftharpoons H_2O$ では，H^+ は $:OH^-$ から電子対を受容し，$:OH^-$ は H^+ に電子対を供与しているが，反応の前後で水素原子の酸化数は+1，酸素原子の酸化数は-2のまま変化していない．それに対して，酸化還元反応では，酸化数が増加する原子や酸化数が減少する原子が必ずあるため，ルイスの酸塩基反応と簡単に区別することができる．

[2] 濃度や組成の異なる電解質溶液が接触すると，陽イオンと陰イオンの移動速度が異なるため，溶液界面の片側は正電荷が過剰となり，反対側は負電荷が過剰となる．このような電荷の偏りのために溶液界面に生じる電位差を液間電位差という．中央の || は，両半電池間の液間電位差が無視できることを示している．

[3] 電気分解では，酸化反応が起こる電極を陽極（アノード），還元反応が起こる電極を陰極（カソード）という．それに対して，電池では，酸化反応が起こる電極を負極，還元反応が起こる電極を正極と呼ぶので注意してほしい．

14.1.1 ダニエル電池の起電力

まず電池反応の反応ギブズエネルギーと起電力の関係について考えよう．実在溶液では，成分 i の化学ポテンシャル μ_i は次式で活量 a_i と関係づけられるので[4]

$$\mu_i = \mu_i^\circ + RT \ln a_i \tag{14.3}$$

(14.1)式の反応ギブズエネルギー ΔG は，(12.4)式と同様に次式で与えられる．

$$\Delta G = \Delta G^\circ + RT \ln \frac{a(\mathrm{Cu})a(\mathrm{Zn}^{2+})}{a(\mathrm{Cu}^{2+})a(\mathrm{Zn})} \tag{14.4}$$

また，反応ギブズエネルギー ΔG と起電力 ΔE_C は次式で関係づけられる．

$$\Delta G = -nF\Delta E_\mathrm{C} \tag{14.5}$$

ここで，n は電池反応に関与する電子数，F はファラデー定数である．左側の半電池で酸化反応，右側の半電池で還元反応が起こるとき，電池の起電力 ΔE_C は右側の半電池の電極電位 E_Cu から左側の半電池の電極電位 E_Zn を引いた値（電位差）となる．

$$\Delta E_\mathrm{C} = E_\mathrm{Cu} - E_\mathrm{Zn} \tag{14.6}$$

したがって，$\Delta E_\mathrm{C} > 0$ のとき，$\Delta G < 0$ となり電池反応は進む（11.5節参照）．

電池反応に関与するすべての成分の活量が 1 のときの電極電位を**標準電極電位**（standard electrode potential），そのときの起電力を標準起電力と呼ぶ．それぞれ E° および $\Delta E_\mathrm{C}^\circ$ で表すと，標準反応ギブズエネルギー ΔG° は次式で表される．

$$\Delta G^\circ = -nF\Delta E_\mathrm{C}^\circ \tag{14.7}$$

ここで

$$\Delta E_\mathrm{C}^\circ = E_\mathrm{Cu}^\circ - E_\mathrm{Zn}^\circ \tag{14.8}$$

である．このようにして電池反応の反応ギブズエネルギーと起電力が関係づけられる．

純物質である銅と亜鉛の活量 $a(\mathrm{Cu}) = a(\mathrm{Zn}) = 1$ だから（1.3節参照），金属イオンの活量をモル濃度で近似すると，(14.4)式は次式で表される．

$$\Delta E_\mathrm{C} = \Delta E_\mathrm{C}^\circ - \frac{RT}{nF} \ln \frac{[\mathrm{Zn}^{2+}]}{[\mathrm{Cu}^{2+}]} \tag{14.9}$$

電池の起電力は 25 ℃ で測定されるので，$T = 298$ K，$R = 8.31$ J K^{-1} mol^{-1}，$F = 96500$ C mol^{-1} を代入すると

$$\Delta E_\mathrm{C} = \Delta E_\mathrm{C}^\circ - \frac{0.059}{n} \log \frac{[\mathrm{Zn}^{2+}]}{[\mathrm{Cu}^{2+}]} \quad (単位 \mathrm{V})[5] \tag{14.10}$$

---

[4] 化学ポテンシャル μ は，理想溶液では溶質のモル濃度 [B] と
$$\mu = \mu^\circ + RT \ln [\mathrm{B}]$$
実在溶液では溶質の活量 a_i と関係づけられる（1.3節参照）．
$$\mu_i = \mu_i^\circ + RT \ln a_i$$

[5] $\dfrac{RT}{nF} \ln X$
$= \dfrac{(8.31 \mathrm{\,J\,K^{-1}\,mol^{-1}}) \times (298 \mathrm{\,K})}{n \times (96500 \mathrm{\,C\,mol^{-1}})}$
$\quad \times 2.30 \log X$
$= \dfrac{0.059}{n} \log X$
ここで J C^{-1} = V である（表1.2参照）．

(14.1)式に示すように，電池反応の進行とともに亜鉛イオン濃度は増加し，銅イオン濃度は減少するので，起電力 ΔE_C は下がりつづける．起電力 $\Delta E_\text{C} = 0\,\text{V}$ のとき $\Delta G = 0$ となるので，電池反応は平衡状態になる．

電池反応の平衡定数は，(12.5)式と同じように次式で与えられる．

$$\Delta G° = -RT \ln K \tag{14.11}$$

また，(14.10)式より

$$\Delta E_\text{C}° = \frac{0.059}{n} \log K \tag{14.12}$$

となるので，標準起電力 $\Delta E_\text{C}°$ からも電池反応の平衡定数 K を求めることができる．

ダニエル電池では，平衡定数は

$$K = \frac{[\text{Zn}^{2+}]}{[\text{Cu}^{2+}]} \tag{14.13}$$

である．

14.1.2 標準電極電位（標準酸化還元電位）

半電池の標準電極電位 $E°$ を単独で測定することはできないので，基準となる半電池と組み合わせて電池をつくり，その起電力を半電池の電極電位としている．電位の基準となる半電池を**標準水素電極**（standard hydrogen electrode）と呼び，$E_\text{H}° = 0\,\text{V}$ と定義されている（図 14.2）．

標準水素電極を左側に置き，右側に目的の半電池に置いて作成した電池

$$\text{Pt}\,|\,\text{H}_2(a=1)\,|\,\text{H}^+(a=1)\,\|\,\text{Cu}^{2+}\,|\,\text{Cu}$$

の標準起電力 $\Delta E_\text{C}°$ は，次式で $E_\text{H}° = 0$ だから，右側の半電池の標準電極電位 $E_\text{Cu}°$ に等しい．

$$\Delta E_\text{C}° = E_\text{Cu}° - E_\text{H}° = E_\text{Cu}° \tag{14.14}$$

標準反応ギブズエネルギーと標準電極電位の関係は，(14.7)式より

$$\Delta G° = -nF\Delta E_\text{C}° = -nFE_\text{Cu}° \tag{14.15}$$

となる．

標準水素電極を基準として測定されたいくつかの半電池（電極反応）の標準電極（酸化還元）電位を表 14.1 に示す．標準電極電位 $E°$ を比較すると，酸化還元反応に関する重要な知見が得られる．

(a) $E°$ がより正電位の酸化体が酸化剤
(b) $E°$ がより負電位の還元体が還元剤

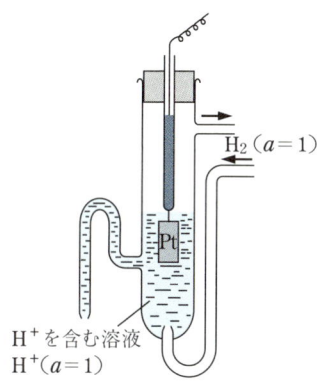

図 14.2 標準水素電極

表 14.1　標準電極（酸化還元）電位

電極反応	$E°$/V	電極反応	$E°$/V
$H_2O_2 + 2H^+ + 2e^- = 2H_2O$	1.76	$2H^+ + 2e^- = H_2(g)$	0（定義）
$Ce^{4+} + e^- = Ce^{3+}$	1.72	$Pb^{2+} + 2e^- = Pb$	-0.13
$Au^+ + e^- = Au$	1.68	$Sn^{2+} + 2e^- = Sn$	-0.14
$MnO_4^- + 8H^+ + 5e^- = Mn^{2+} + 4H_2O$	1.51	$Ni^{2+} + 2e^- = Ni$	-0.26
$Cr_2O_7^{2-} + 14H^+ + 6e^- = 2Cr^{3+} + 7H_2O$	1.36	$Cd^{2+} + 2e^- = Cd$	-0.40
$O_2(g) + 4H^+ + 4e^- = 2H_2O$	1.23	$Cr^{3+} + e^- = Cr^{2+}$	-0.42
$Ag^+ + e^- = Ag$	0.80	$Fe^{2+} + 2e^- = Fe$	-0.44
$Fe^{3+} + e^- = Fe^{2+}$	0.77	$Zn^{2+} + 2e^- = Zn$	-0.76
$O_2(g) + 2H^+ + 2e^- = H_2O_2$	0.70	$Al^{3+} + 3e^- = Al$	-1.68
$I_3^- + 2e^- = 3I^-$	0.54	$Mg^{2+} + 2e^- = Mg$	-2.36
$Cu^+ + e^- = Cu$	0.52	$Na^+ + e^- = Na$	-2.71
$Cu^{2+} + 2e^- = Cu$	0.34	$Ca^{2+} + 2e^- = Ca$	-2.84
$Cu^{2+} + e^- = Cu^+$	0.15	$K^+ + e^- = K$	-2.93
$Sn^{4+} + 2e^- = Sn^{2+}$	0.15	$Li^+ + e^- = Li$	-3.05

6) 電極と電解質溶液の界面で起こる酸化還元反応を電極反応（半電池反応）という．

例題 14.1　次のダニエル電池の起電力 ΔE_C および電池反応の平衡定数を求めなさい（25 ℃）．

$$Zn | Zn^{2+}(0.010\,M) \| Cu^{2+}(0.10\,M) | Cu$$

解答　電極反応は[6]

$E°$/V

(1) $Cu^{2+} + 2e^- = Cu$ 　　 0.34 V

(2) $Zn^{2+} + 2e^- = Zn$ 　　 -0.76 V

電池反応式は(1)式－(2)式より

$$Cu^{2+} + Zn \rightleftharpoons Cu + Zn^{2+}$$

（14.10）式において $\Delta E_\mathrm{C}° = E_\mathrm{Cu}° - E_\mathrm{Zn}° = (0.34\,\mathrm{V}) - (-0.76\,\mathrm{V}) = 1.10\,\mathrm{V}$ だから，起電力 ΔE_C は

$$\Delta E_\mathrm{C} = \Delta E_\mathrm{C}° - \frac{0.059}{n}\log\frac{[Zn^{2+}]}{[Cu^{2+}]}$$

$$= 1.10 - \frac{0.059}{2}\log\frac{0.010}{0.10} = 1.13\,\mathrm{V}$$

平衡定数は，（14.12）式に $\Delta E_\mathrm{C}° = 1.10\,\mathrm{V}$，$n = 2$ を代入すると

$$\log K = \frac{n\,\Delta E_\mathrm{C}°}{0.059} = \frac{2\times(1.10\,\mathrm{V})}{0.059\,\mathrm{V}}$$

$$K = \frac{[Zn^{2+}]}{[Cu^{2+}]} = 1.9\times 10^{37}$$

例題 14.2 のような場合，（14.15）式を用いて標準電極電位 $E°$ を状態量である $\Delta G°$ に変換し，その後，目的の半電池の $E°$ を求めればよい．

例題 14.2　電極反応 $Cu^{2+} + e^- = Cu^+$ の $E° = 0.15\,\mathrm{V}$，電極反応 $Cu^+ + e^- = Cu$ の $E° = 0.52\,\mathrm{V}$ である．電極反応 $Cu^{2+} + 2e^- = Cu$ の標準電極電位 $E°$ を求めなさい．

解答

	$E°/\text{V}$	$\Delta G°/\text{kJ mol}^{-1}$
(1) $Cu^{2+}+e^- = Cu^+$	0.15	−14.5
(2) $Cu^++e^- = Cu$	0.52	−50.2

(1)式＋(2)式より目的の電極反応が得られるので

(3) $Cu^{2+}+2e^- = Cu$

電極反応(3)の $\Delta G°$ は次式で与えられる．

$$\Delta G° = \Delta G°(1)+\Delta G°(2) = (-14.5 \text{ kJ mol}^{-1})+(-50.2 \text{ kJ mol}^{-1})$$
$$= -64.7 \text{ kJ mol}^{-1}$$

電極反応 $Cu^{2+}+2e^- = Cu$ の標準電極電位は，(14.15)式より

$$E° = -\frac{\Delta G°}{nF} = -\frac{-64700 \text{ J mol}^{-1}}{2\times(96500 \text{ C mol}^{-1})} = 0.34 \text{ V}$$

14.1.3 電極電位

半電池の電極反応を次式で表すと

$$\text{Ox（酸化体）}+ne^- = \text{Red（還元体）}$$

電極電位 E は，次の**ネルンスト**（Nernst）**式**で与えられる．

$$E = E° - \frac{0.059}{n}\log\frac{a(\text{Red})}{a(\text{Ox})} \qquad (14.16)$$

ここでは，電極電位 E と金属イオン濃度との関係について考えてみよう．

(1) M^{n+}/M 系の電極電位

$M^{n+}+ne^- = M$ のように還元体が金属の場合，電極電位は

$$E = E_M° - \frac{0.059}{n}\log\frac{a(M)}{a(M^{n+})} \qquad (14.17)$$

純物質である金属の活量 $a(M) = 1$ だから，モル濃度で表すと

$$E = E_M° + \frac{0.059}{n}\log[M^{n+}] \qquad (14.18)$$

したがって，金属イオン濃度が高いほど電極電位は高い．この場合，金属イオン濃度 $[M^{n+}] = 1\text{ M}$ のときの電極電位が標準電極電位 $E_M°$ となる．

(2) M^{p+}/M^{q+} 系の電極電位

$M^{p+}+ne^- = M^{q+}$ のように酸化体，還元体ともにイオン種の場合，電極電位は

$$E = E° - \frac{0.059}{n}\log\frac{[M^{q+}]}{[M^{p+}]} \qquad (14.19)$$

したがって，電極電位は酸化体と還元体の濃度比に依存する．

例題 14.3 例題 14.1 のダニエル電池の起電力 ΔE_C が左右の半電池の電極電位 E_Cu と E_Zn の差に等しいことを示しなさい（25 ℃）．

$$\mathrm{Zn}|\mathrm{Zn}^{2+}(0.010\,\mathrm{M})\|\mathrm{Cu}^{2+}(0.10\,\mathrm{M})|\mathrm{Cu}$$

解答 （14.18）式より

$$E_\mathrm{Cu} = E_\mathrm{Cu}° + \frac{0.059}{n}\log[\mathrm{Cu}^{2+}] = (0.34\,\mathrm{V}) + \frac{(0.059\,\mathrm{V})}{2}\log(0.10)$$
$$= 0.31\,\mathrm{V}$$

$$E_\mathrm{Zn} = E_\mathrm{Zn}° + \frac{0.059}{n}\log[\mathrm{Zn}^{2+}] = (-0.76\,\mathrm{V}) + \frac{(0.059\,\mathrm{V})}{2}\log(0.010)$$
$$= -0.82\,\mathrm{V}$$

したがって，起電力 $\Delta E_\mathrm{C} = E_\mathrm{Cu} - E_\mathrm{Zn} = (0.31\,\mathrm{V}) - (-0.82\,\mathrm{V}) = 1.13\,\mathrm{V}$ となり，（14.10）式で得られた解に等しい．

14.2 酸化還元平衡

酸化還元反応式を 2 組の電極反応に分解すると，（14.11）式より平衡定数が求まるし，逆に，2 組の電極反応から酸化還元反応式を組み立てることもできる．14.1.2 項で述べたように，標準電極電位の高い方の酸化体が酸化剤，低い方の還元体が還元剤である．ここでは標準反応ギブズエネルギー $\Delta G°$ を用いて酸化還元反応が自発的に進むかどうか考えよう．

例題 14.4 次の酸化還元反応が自発的に進むことを示しなさい．また，平衡定数を求めなさい（25 ℃）．

$$\mathrm{Cr}_2\mathrm{O}_7{}^{2-} + 14\,\mathrm{H}^+ + 6\,\mathrm{Fe}^{2+} \rightleftharpoons 6\,\mathrm{Fe}^{3+} + 2\,\mathrm{Cr}^{3+} + 7\,\mathrm{H}_2\mathrm{O}$$

解答 2 組の電極反応は

	$E°/\mathrm{V}$	$\Delta G°/\mathrm{kJ\,mol^{-1}}$
(1) $\mathrm{Cr}_2\mathrm{O}_7{}^{2-} + 14\,\mathrm{H}^+ + 6\,\mathrm{e}^- = 2\,\mathrm{Cr}^{3+} + 7\,\mathrm{H}_2\mathrm{O}$	1.36	-787.4
(2) $\mathrm{Fe}^{3+} + \mathrm{e}^- = \mathrm{Fe}^{2+}$	0.77	-74.3

である．$\mathrm{Cr}_2\mathrm{O}_7{}^{2-}$ が酸化剤，Fe^{2+} が還元剤として働くので，電子が残らないように酸化還元反応式を組み立てればよい．

酸化還元反応式は (1) 式 $-6\times$ (2) 式で与えられるので，標準反応ギブズエネルギー $\Delta G°$ は

$$\Delta G° = \Delta G°(1) - 6\times\Delta G°(2)$$
$$= (-787.4\,\mathrm{kJ\,mol^{-1}}) - 6\times(-74.3\,\mathrm{kJ\,mol^{-1}})$$
$$= -341.6\,\mathrm{kJ\,mol^{-1}} < 0$$

$\Delta G°$ が負の大きい値だから，酸化還元反応は自発的に進む（12.1.1 項参照）．

（14.11）式より，平衡定数は

$$\ln K = -\frac{\Delta G°}{RT} = -\frac{-341600\,\mathrm{J\,mol^{-1}}}{(8.31\,\mathrm{J\,K^{-1}\,mol^{-1}})\times(298\,\mathrm{K})}$$

$$K = 8.1\times 10^{59}\,(\text{単位省略})$$

例題14.5 次の酸化還元反応が自発的に進むことを示しなさい (25℃).

$$MnO_4^- + 5\,Fe^{2+} + 8\,H^+ \rightleftharpoons Mn^{2+} + 5\,Fe^{3+} + 4\,H_2O$$

解答 2組の電極反応は

	$E°/V$	$\Delta G°/\text{kJ mol}^{-1}$
(1) $MnO_4^- + 8\,H^+ + 5\,e^- = Mn^{2+} + 4\,H_2O$	1.23	-593.5
(2) $Fe^{3+} + e^- = Fe^{2+}$	0.77	-74.3

であり，MnO_4^- が酸化剤，Fe^{2+} が還元剤として働く.

酸化還元反応式は(1)式$-5\times$(2)式で与えられるので，標準反応ギブズエネルギー $\Delta G°$ は

$$\begin{aligned}\Delta G° &= \Delta G°(1) - 5\times\Delta G°(2)\\ &= (-593.5\text{ kJ mol}^{-1}) - 5\times(-74.3\text{ kJ mol}^{-1})\\ &= -222.0\text{ kJ mol}^{-1} < 0\end{aligned}$$

したがって，酸化還元反応は自発的に進む.

14.3 標準電極電位とイオン化傾向

ここで標準電極電位と酸化(還元)力の関係をまとめると，標準電極電位が高い酸化体＝酸化力が強い＝還元されやすい．逆に，標準電極電位の低い還元体＝還元力が強い＝酸化されやすい(陽イオンになりやすい).

したがって，標準電極電位が低い金属は陽イオンになりやすい．この陽イオンになりやすい傾向を**イオン化傾向**(ionization tendency)と呼んでいる.

たとえば，鉄が空気中でさびやすい理由を考えよう．さびは鉄表面に生じた酸化鉄である．しかし，鉄の表面が空気中で酸素と直接反応し，酸化鉄を生じるわけではない．表面が湿ることが，鉄がさびる第一段階である．鉄の表面に水分があると，イオン化傾向の大きい鉄は Fe^{2+} として溶け出し，表面に残された電子により溶存酸素が還元される.

次の電極反応を比べると

	$E°/V$	$\Delta G°/\text{kJ mol}^{-1}$
(1) $O_2 + 2\,H_2O + 4\,e^- = 4\,OH^-$	0.40	-154.4
(2) $Fe^{2+} + 2\,e^- = Fe$	-0.44	84.9

酸化還元反応式は，(1)式$-2\times$(2)式で与えられるので

$$2\,Fe + O_2 + 2\,H_2O \longrightarrow 2\,Fe^{2+} + 4\,OH^-$$

標準反応ギブズエネルギー $\Delta G°$ は

$$\begin{aligned}\Delta G° &= \Delta G°(1) - 2\times\Delta G°(2)\\ &= (-154.4\text{ kJ mol}^{-1}) - 2\times(84.9\text{ kJ mol}^{-1})\end{aligned}$$

$$= -324.2 \text{ kJ mol}^{-1} < 0$$

であり，反応が自発的に進むことがわかる．生じた Fe^{2+} は，酸素の還元により生じた OH^- と水酸化鉄（II）を生じる．

$$Fe^{2+} + 2\,OH^- \longrightarrow Fe(OH)_2$$

水酸化鉄（II）の空気酸化により生じた水酸化鉄（III）が脱水すると酸化鉄（III），すなわち，さびが発生する．このように，金属鉄よりも酸化鉄（III）の方が安定状態であるため，鉄は空気中でさびやすい．

14.4 複数の酸化状態をとる元素

次の電極反応で示すように，複数の酸化状態をとる元素の場合

$$① M^{(m+n)+} + me^- = M^{n+} \qquad E_1^\circ$$
$$② M^{n+} + ne^- = M \qquad E_2^\circ$$

標準電極電位 E_1° と E_2° のどちらの電位が高いかで，安定な酸化状態が決まる．それぞれの場合について考えてみよう．

(1) $E_1^\circ > E_2^\circ$ の場合

① 式の酸化体 $M^{(m+n)+}$ が酸化剤，② 式の還元体 M が還元剤として働くので，

$$nM^{(m+n)+} + mM \longrightarrow (m+n)M^{n+} \qquad (14.20)$$

のように，2つの酸化状態から1つの酸化状態に自発的に変化する．この反応を均化反応（proportionation reaction）という．

(2) $E_1^\circ < E_2^\circ$ の場合

② 式の酸化体 M^{n+} が酸化剤，① 式の還元体 M^{n+} が還元剤として働くので，

$$(m+n)M^{n+} \longrightarrow nM^{(m+n)+} + mM \qquad (14.21)$$

のように，1つの酸化状態の間で電子移動が起こり，より低い酸化状態とより高い酸化状態に自発的に変化する．この反応を不均化反応（disproportionation reaction）という．

例題 14.6 水溶液中で次の不均化反応が自発的に進むことを示しなさい．

$$2\,Cu^+ \longrightarrow Cu + Cu^{2+}$$

解答 例題 14.2 でわかるように，$E_1^\circ < E_2^\circ$ である．(2) 式 − (1) 式より

$$2\,Cu^+ = Cu + Cu^{2+}$$

標準反応ギブズエネルギー ΔG° は

$$\Delta G^\circ = \Delta G^\circ(2) - \Delta G^\circ(1) = (-50.2 \text{ kJ mol}^{-1}) - (-14.5 \text{ kJ mol}^{-1})$$
$$= -35.7 \text{ kJ mol}^{-1} < 0$$

であり，不均化反応が自発的に進むので，Cu^+ は水溶液中で不安定である．

章末問題 14

1. 次の電池図式で示される電池がある．問に答えなさい．
$$Cu\,|\,Cu^{2+}(0.010\,M)\,\|\,Ag^+(0.10\,M)\,|\,Ag$$
   (a) 電池反応式を書きなさい．
   (b) 起電力を求めなさい．
   (c) 電池反応の平衡定数を求めなさい．

2. 次の電池図式で示される電池がある．問に答えなさい．
$$Zn\,|\,Zn^{2+}(0.010\,M)\,\|\,Fe^{2+}(0.10\,M),\ Fe^{3+}(0.050\,M)\,|\,Pt$$
   (a) 電池反応式を書きなさい．
   (b) 起電力を求めなさい．
   (c) 電池反応の平衡定数を求めなさい．

3. 電極反応 $Fe^{3+}+e^- = Fe^{2+}$ の $E° = 0.77\,V$ および電極反応 $Fe^{2+}+2\,e^- = Fe$ の $E° = -0.45\,V$ である．
   (a) 電極反応 $Fe^{3+}+3\,e^- = Fe$ の $E°$ を求めなさい．
   (b) 次の均化反応が自発的に進むことを示しなさい．
$$2\,Fe^{3+}+Fe \rightleftharpoons 3\,Fe^{2+}$$

4. 次の酸化還元反応が自発的に進むかどうか検討しなさい．また，平衡定数を求めなさい．すべてのイオン種の活量を1とする．
   (a) $Ni^{2+}+Zn \rightleftharpoons Ni+Zn^{2+}$
   (b) $2\,Fe^{3+}+Pb \rightleftharpoons 2\,Fe^{2+}+Pb^{2+}$
   (c) $Cu^{2+}+Ce^{3+} \rightleftharpoons Cu^++Ce^{4+}$

15 化学反応の速度

化学反応では，時間とともに反応物の濃度は減少し，生成物の濃度は増加する．反応速度は，反応物または生成物の単位時間あたりの濃度変化で表される．本章では，反応速度式と反応速度定数，反応機構と反応次数などの基礎的な事項について学ぶ．さらに，反応速度定数の温度変化，活性化エネルギーと触媒反応の機構，および化学反応の平衡定数と反応速度定数の関係について考える．

15.1 化学反応の速度

反応物 A ⟶ 生成物 P で表される化学反応を考えよう．反応物の分子が衝突して化学反応は起こるので，衝突の可能性の高い反応の開始直後は濃度変化が大きい．濃度変化は反応の進行に伴って緩やかになり，最終的には反応物は消失する．反応物 A の濃度の時間変化を図 15.1 に示している．

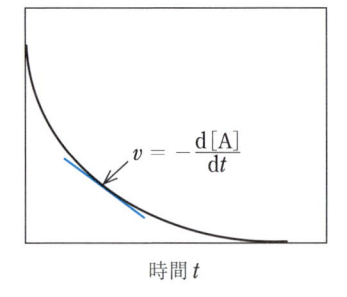

図 15.1 反応物濃度の時間変化

ある瞬間の反応物濃度を $[\mathrm{A}]$ とすると，反応速度 v は次式で表される．

$$v = -\frac{\mathrm{d}[\mathrm{A}]}{\mathrm{d}t} = k[\mathrm{A}] \tag{15.1}$$

反応速度と濃度の関係を示す式を反応速度式という．

15.2 反応次数と反応速度定数

次の化学反応

$$a\,\mathrm{A} + b\,\mathrm{B} \longrightarrow c\,\mathrm{C} + d\,\mathrm{D} \tag{15.2}$$

の反応速度式が次式で表されるとき

$$v = k[\mathrm{A}]^m[\mathrm{B}]^n \tag{15.3}$$

比例定数 k を速度定数（rate constant）という．速度定数が大きい反応の速度は速く，逆に，速度定数が小さい反応の速度は遅い．一般に，速度定数は温度が上昇すると大きくなる．

$m+n$ を反応次数（order of reaction）と呼び，$m+n=1$ のとき 1 次反応（first-order reaction），$m+n=2$ のとき 2 次反応（second-order reaction）という．化学量論係数 a, b と反応次数 m, n とは必ずしも一致しないので，化学反応式から反応速度式を予測することはできない．

15.3 反応次数と化学量論係数

気相におけるヨウ化水素の分解反応は

$$2\,\mathrm{HI} \longrightarrow \mathrm{H_2} + \mathrm{I_2}$$

2 次反応であり，反応速度式は次式で表される．

$$v = k[\mathrm{HI}]^2$$

しかし，反応速度式は実験結果で決まる実験式であり，反応次数と化学量論係数が一致するような化学反応は非常に少ない．反応次数と化学量論係数が一致しないのは，反応物の分子が衝突すると直ちに最終生成物が生じるのではなく，途中にさまざまな反応中間体（中間体）が生成し，反応物と中間体が衝突を繰り返すという複雑な反応経路を経て，最終生成物が生じるためである．

化学反応が複数の要素となる反応に分割されるとき，**複合反応**（complex reaction）と呼ぶ．化学反応を組み立てている要素となる反応（それ以上分割できない反応）を**素反応**（elementary reaction），ひとつの素反応からなる反応を**単純反応**（simple reaction）という．複合反応の場合，全体の反応速度はもっとも遅い素反応の速度で決まる．このような全反応の速度を決める反応過程を**律速段階**（rate-determining step）という．

実験的に求められた反応次数と反応機構の関係について考えてみよう．次の化学反応が

$$4\,\mathrm{A} + 3\,\mathrm{B} \longrightarrow 2\,\mathrm{C} + \mathrm{D} \tag{15.4}$$

次の素反応から構成されるとき

$$2\,\mathrm{A} \longrightarrow \mathrm{C} + \mathrm{E} \tag{15.5}$$

$$\mathrm{A} + \mathrm{B} + \mathrm{E} \longrightarrow \mathrm{D} \tag{15.6}$$

$$\underline{\mathrm{A} + 2\,\mathrm{B} \longrightarrow \mathrm{C} \tag{15.7}}$$

$$4\,\mathrm{A} + 3\,\mathrm{B} \longrightarrow 2\,\mathrm{C} + \mathrm{D}$$

もし (15.5) 式の素反応が律速段階であれば，全反応の速度式は次の反応速度式で表されるので

$$v = -\frac{\mathrm{d}[\mathrm{A}]}{\mathrm{d}t} = k[\mathrm{A}]^2 \tag{15.8}$$

反応次数の実験値は 2 ($m = 2$, $n = 0$) となる．反応次数の実測値が化学反応式の化学量論係数に一致しないときは，その反応は複合反応である．

15.4　1 次反応

1 次反応 $\mathrm{A} \longrightarrow \mathrm{B}$ を考えよう．反応速度式は

$$v = -\frac{d[A]}{dt} = k[A] \tag{15.9}$$

したがって

$$\frac{d[A]}{[A]} = -k\,dt \tag{15.10}$$

A の初濃度 ($t = 0$) を $[A]_0$，時間 t での濃度を $[A]$ として積分すると

$$\ln[A] = -kt + \ln[A]_0$$

$$\ln\frac{[A]_0}{[A]} = kt \tag{15.11}$$

1 次反応の場合，$\ln[A]$ を時間 t に対してプロットすると直線が得られ，その勾配から速度定数 k を求めることができる．1 次反応の場合，速度定数 k の次元は [時間]$^{-1}$ である．

反応物 A の濃度の時間変化を図 15.2 に示す．速度定数 k が大きいほど A の濃度減少は速い．

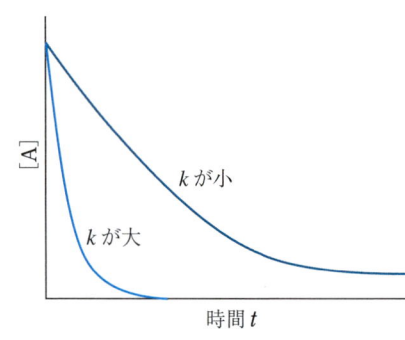

図 15.2 反応物濃度の時間変化

例題 15.1 1 次反応 A ⟶ B の速度定数 $k = 3.0\times10^{-2}$ min^{-1} であった．反応物 A の濃度が初濃度 $[A]_0$ の 5.0% にまで減少するのに要する時間を計算しなさい．

解答 (15.11) 式より

$$\ln\frac{[A]_0}{[A]} = \ln\frac{[A]_0}{0.050[A]_0} = kt$$

$$\ln 20 = (3.0\times10^{-2}\text{ min}^{-1})\times t$$

$$t = 100\text{ min}$$

初濃度 $[A]_0$ が半分になるのに要する時間を**半減期** $t_{1/2}$（half-life）という．$t = t_{1/2}$ のとき $[A] = \dfrac{[A]_0}{2}$ だから，(15.11) 式より

$$t_{1/2} = \frac{\ln 2}{k} = \frac{0.693}{k} \tag{15.12}$$

このように，1 次反応の半減期は濃度に無関係であり，速度定数に反比例する．半減期 $t_{1/2}$ より速度定数を求めることができる．

放射性同位元素の壊変は 1 次反応速度式に従うので，半減期は濃度に無関係である．また，速度定数（壊変定数）は元素の結合状態，温度，圧力などの外的条件に影響されないので，遺跡の年代測定[1] などに利用されている．この場合，速度定数 λ を特に**壊変（崩壊）定数**（decay constant）と呼んでいる．

例題 15.2 1 次反応 A ⟶ B において，反応開始 5.0 分後に反応物 A の濃度は初濃度 $[A]_0$ の半分になった．速度定数を求めなさい．また，10 分後の A の濃度は初濃度の何 % か，計算しなさい．

---

1) ^{14}C を用いる年代測定法について考えよう．大気中の窒素 $^{14}_{7}$N は宇宙線中の中性子によって $^{14}_{6}$C に変換し，大気中には一定量の $^{14}_{6}$CO$_2$ が存在している．

$$^{14}_{7}\text{N} + ^{1}_{0}\text{n} \longrightarrow ^{14}_{6}\text{C} + ^{1}_{1}\text{H}$$

$^{14}_{6}$C は電子（β 線）を放出し，$^{14}_{7}$N に壊変する．

$$^{14}_{6}\text{C} \longrightarrow ^{14}_{7}\text{N} + e^-$$

（半減期 $t_{1/2} = 5730$ 年）

たとえば，ある遺跡から出土した木片中の $^{14}_{6}$C の量が現在生息している木の中の $^{14}_{6}$C に比べ 60% であったとする．生息している木は炭酸同化作用により CO$_2$ を取り込むので $^{14}_{6}$C 量は一定であるが，切り倒された時点から $^{14}_{6}$C 量は減少する．

(15.12) 式より

$$\lambda = \frac{0.693}{t_{1/2}} = \frac{0.693}{5730\text{ y}} = 1.2\times10^{-4}\text{ y}^{-1}$$

$[A] = 0.60[A]_0$ だから，(15.11) 式に $\dfrac{[A]_0}{[A]} = \dfrac{1}{0.60}$ を代入すると

$$t = \frac{1}{1.2\times10^{-4}\text{ y}^{-1}}\ln\frac{1}{0.60} = 4300\text{ y}$$

したがって，約 4300 年前の遺跡であることがわかる．

解答 (15.12)式より，速度定数 $k = \dfrac{\ln 2}{t_{1/2}} = \dfrac{0.693}{5.0\,\mathrm{min}} = 0.14\,\mathrm{min}^{-1}$

(15.11)式より
$$\ln \frac{[A]_0}{[A]} = kt = (0.14\,\mathrm{min}^{-1}) \times (10\,\mathrm{min}) = 1.4$$
$$\frac{[A]_0}{[A]} = 4.1\,\text{だから}$$
[A] は初濃度 $[A]_0$ の 24%．

15.5 2 次 反 応

(15.3)式において $m = 2$，$n = 0$ の 2 次反応 $2A \longrightarrow B$ を考えよう．反応速度式は

$$v = -\frac{d[A]}{dt} = k[A]^2 \tag{15.13}$$

$$\frac{d[A]}{[A]^2} = -k\,dt \tag{15.14}$$

A の初濃度を $[A]_0$ として積分すると

$$\frac{1}{[A]} - \frac{1}{[A]_0} = kt \tag{15.15}$$

したがって，反応物濃度の逆数を時間に対してプロットすると直線が得られ，傾きから速度定数 k を求めることができる．

半減期は，$t = t_{1/2}$ のとき $[A] = \dfrac{[A]_0}{2}$ を (15.15)式に代入して

$$t_{1/2} = \frac{1}{k[A]_0} \tag{15.16}$$

このように，<u>2 次反応の半減期は初濃度に反比例する</u>ので，初濃度が大きいほど半減期は短い．

例題 15.3 2 次反応 $2A \longrightarrow B$ において，反応開始 5 分後に反応物 A の濃度は初濃度 $[A]_0$ の半分になった．10 分後に残っている A の濃度を初濃度 $[A]_0$ を用いて表しなさい．

解答 (15.16)式より，速度定数 $k = \dfrac{1}{t_{1/2}[A]_0} = \dfrac{1}{5[A]_0}\,\mathrm{min}^{-1}$

(15.15)式に $t = 10\,\mathrm{min}$，$k = \dfrac{1}{5[A]_0}\,\mathrm{min}^{-1}$ を代入して

$$\frac{1}{[A]} - \frac{1}{[A]_0} = kt = \frac{10}{5[A]_0} = \frac{2}{[A]_0}$$

したがって，$[A] = \dfrac{[A]_0}{3}$

15.6 速度定数の温度変化

温度を上げると反応速度が大きくなることはよく知られている．しかし，それはどうしてであろうか．分子はさまざまな運動エネルギーをもっており，絶えず衝突を繰り返しているが，衝突すればすべて反

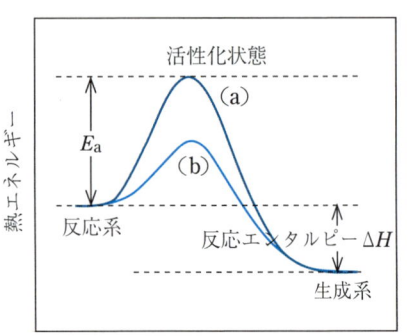

図 15.3 アレニウスの活性化エネルギー
(a) 触媒のない系　(b) 触媒を加えた系

応するというわけではない．図 15.3 に示すように，衝突して反応するのは，あるエネルギーの山を越えた分子だけである．このエネルギーの山を活性化エネルギー（activation energy）と呼んでいる．反応温度を上げると，活性化エネルギーよりも大きい運動エネルギーをもつ分子の数が増えるので，反応速度は大きくなる．温度を 10 ℃ 上げると反応速度は 2〜3 倍になることが多い．

このように，活性化エネルギーが大きいと反応速度は小さく，逆に活性化エネルギーが小さいと反応速度は大きい．アレニウスは反応次数に関係なく，次の関係式が成立することを実験的に見出した．

$$\ln k = -\frac{E_a}{RT} + \ln A \tag{15.17}$$

これをアレニウス（Arrhenius）の式という．E_a が活性化エネルギーであり，A を反応の頻度因子（frequency factor）という．速度定数の対数を絶対温度の逆数に対してプロットすると直線が得られ，その傾きから反応の活性化エネルギー，切片から頻度因子を求めることができる．これをアレニウスプロットと呼んでいる．

温度 T_1 および T_2 での速度定数をそれぞれ k_1 および k_2 とすると

$$\ln \frac{k_2}{k_1} = -\frac{E_a}{R}\left(\frac{1}{T_2} - \frac{1}{T_1}\right) \tag{15.18}$$

例題 15.4 ある反応で反応温度を 20 ℃ から 30 ℃ に上昇させると，速度定数が 2.0 倍になった．反応の活性化エネルギー E_a を求めなさい．

解答　(15.18) 式に $T_1 = 293$ K，$T_2 = 303$ K，$\frac{k_2}{k_1} = 2.0$ を代入すると

$$\ln 2.0 = -\frac{E_a}{8.31\,\text{J K}^{-1}\,\text{mol}^{-1}}\left(\frac{1}{303\,\text{K}} - \frac{1}{293\,\text{K}}\right)$$

したがって，

$$E_a = 51\,\text{kJ mol}^{-1}$$

15.7　触　媒

第 12 章で，化学平衡がどの方向に，どこまで進むかが反応ギブズエネルギーで予測できることを学んだ．しかし，反応ギブズエネルギー $\Delta G < 0$ でも，まったく進行しない化学反応も多い．これは反応の活性化エネルギーが大きいためである．しかし，適当な物質を加えると，反応速度を劇的に大きくすることができる．化学反応の速度を増加させ，それ自身は反応の前後で変化しない物質を触媒（catalyst），触媒により促進される反応を触媒反応という．

反応 $A_2 + B_2 \longrightarrow 2\,AB$ の速度が遅いとき，固体触媒 S を加えるとどうして反応速度が大きくなるのか考えてみよう．まず，触媒 S の表面で A_2 分子が解離して，中間体 AS が生じる（図 15.4）．

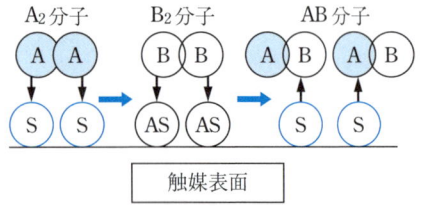

図 15.4　触媒反応の模式図

$$A_2 + 2S \longrightarrow 2AS \tag{15.19}$$

$$2AS + B_2 \longrightarrow 2AB + 2S \tag{15.20}$$

この解離吸着のため，反応の活性化エネルギーが低下し，触媒表面におけるAS分子とB$_2$分子の反応，生成物ABの脱離反応へと反応は速やかに進行する．全反応は (15.19) 式と (15.20) 式の和で与えられるので，中間体ASおよび触媒Sは反応式に入らない．このように，触媒の役割は，触媒がないときの活性化エネルギーよりも低い新しい反応経路をつくることである [図 15.3 (b)].

触媒の量はわずかでよく，反応の前後でその量に変化はない．可逆反応の場合，触媒を加えると正反応，逆反応ともに速くなるので，平衡を移動させることはできない．したがって，正反応だけを促進したいときは生成物を系から除く必要がある．また，触媒を加えると反応速度は大きくなるが，図 15.3 に示すように反応エンタルピー ΔH に変化はない．

15.8 化学反応の平衡定数と反応速度定数

ここで反応の平衡定数と速度定数の関係を考えよう．正反応および逆反応ともに2次反応とすると

$$A_2 + B_2 \rightleftharpoons 2AB \tag{15.21}$$

正反応の速度は

$$v_+ = k_+ [A_2][B_2] \tag{15.22}$$

逆反応の速度は

$$v_- = k_- [AB]^2 \tag{15.23}$$

ここで，k_+, k_- はそれぞれ正反応および逆反応の速度定数である．

12.1 節で述べたように，平衡状態では正反応の速度と逆反応の速度が等しい (図 15.5)．すなわち，$v_+ = v_-$ だから

$$k_+ [A_2][B_2] = k_- [AB]^2 \tag{15.24}$$

したがって，平衡定数 K は

$$K = \frac{[AB]^2}{[A_2][B_2]} = \frac{k_+}{k_-} \tag{15.25}$$

すなわち，平衡定数は正反応と逆反応の速度定数の比に等しい．k_+ および k_- は温度だけの関数だから，一定温度では K は一定である (12.1 節「質量作用の法則」参照).

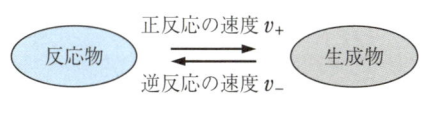

図 15.5 正反応と逆反応の速度

章末問題 15

1. 1次反応では，反応物が 99.9% 反応するに要する時間は 50% 反応するに要する時間の何倍か，計算しなさい．

2. ある1次反応の反応物濃度は反応時間 30 分で初濃度の 30% に減少した．速度定数を求めなさい．また，60 分経過後の反応物濃度は初濃度の何％か，計算しなさい．

3. ある2次反応 $2\,\mathrm{A} \longrightarrow \mathrm{P}$ の速度定数 $k = 5.0 \times 10^{-2}\,\mathrm{M^{-1}\,min^{-1}}$ であった．初濃度 $[\mathrm{A}]_0 = 1.0\,\mathrm{M}$ のときの半減期を求めなさい．

4. ある1次反応の速度定数は，10 ℃ で $2.2 \times 10^{-2}\,\mathrm{min^{-1}}$，20 ℃ で $5.5 \times 10^{-2}\,\mathrm{min^{-1}}$ であった．この反応の活性化エネルギーを求めなさい．

5. 放射性炭素 $^{14}\mathrm{C}$ の半減期 $t_{1/2} = 5730$ 年である．崩壊反応の速度定数を求めなさい．また，放射能がもとの値の 1/10 になるまでの時間を計算しなさい．

付録1　元素の電子配置

周期	元素	K	L		M			N				O				P			Q
		1s	2s	2p	3s	3p	3d	4s	4p	4d	4f	5s	5p	5d	5f	6s	6p	6d	7s
1	1 H	1																	
	2 He	2																	
2	3 Li	2	1																
	4 Be	2	2																
	5 B	2	2	1															
	6 C	2	2	2															
	7 N	2	2	3															
	8 O	2	2	4															
	9 F	2	2	5															
	10 Ne	2	2	6															
3	11 Na	2	2	6	1														
	12 Mg	2	2	6	2														
	13 Al	2	2	6	2	1													
	14 Si	2	2	6	2	2													
	15 P	2	2	6	2	3													
	16 S	2	2	6	2	4													
	17 Cl	2	2	6	2	5													
	18 Ar	2	2	6	2	6													
4	19 K	2	2	6	2	6		1											
	20 Ca	2	2	6	2	6		2											
	21 Sc	2	2	6	2	6	1	2											
	22 Ti	2	2	6	2	6	2	2											
	23 V	2	2	6	2	6	3	2											
	24 Cr	2	2	6	2	6	5	1											
	25 Mn	2	2	6	2	6	5	2											
	26 Fe	2	2	6	2	6	6	2											
	27 Co	2	2	6	2	6	7	2											
	28 Ni	2	2	6	2	6	8	2											
	29 Cu	2	2	6	2	6	10	1											
	30 Zn	2	2	6	2	6	10	2											
	31 Ga	2	2	6	2	6	10	2	1										
	32 Ge	2	2	6	2	6	10	2	2										
	33 As	2	2	6	2	6	10	2	3										
	34 Se	2	2	6	2	6	10	2	4										
	35 Br	2	2	6	2	6	10	2	5										
	36 Kr	2	2	6	2	6	10	2	6										
5	37 Rb	2	2	6	2	6	10	2	6			1							
	38 Sr	2	2	6	2	6	10	2	6			2							
	39 Y	2	2	6	2	6	10	2	6	1		2							
	40 Zr	2	2	6	2	6	10	2	6	2		2							
	41 Nb	2	2	6	2	6	10	2	6	4		1							
	42 Mo	2	2	6	2	6	10	2	6	5		1							
	43 Tc*	2	2	6	2	6	10	2	6	5		2							
	44 Ru	2	2	6	2	6	10	2	6	7		1							
	45 Rh	2	2	6	2	6	10	2	6	8		1							
	46 Pd	2	2	6	2	6	10	2	6	10									
	47 Ag	2	2	6	2	6	10	2	6	10		1							
	48 Cd	2	2	6	2	6	10	2	6	10		2							
	49 In	2	2	6	2	6	10	2	6	10		2	1						
	50 Sn	2	2	6	2	6	10	2	6	10		2	2						
	51 Sb	2	2	6	2	6	10	2	6	10		2	3						
	52 Te	2	2	6	2	6	10	2	6	10		2	4						

周期	元素	K	L		M			N				O				P			Q
		1s	2s	2p	3s	3p	3d	4s	4p	4d	4f	5s	5p	5d	5f	6s	6p	6d	7s
	53 I	2	2	6	2	6	10	2	6	10		2	5						
	54 Xe	2	2	6	2	6	10	2	6	10		2	6						
6	55 Cs	2	2	6	2	6	10	2	6	10		2	6			1			
	56 Ba	2	2	6	2	6	10	2	6	10		2	6			2			
	57 La	2	2	6	2	6	10	2	6	10		2	6	1		2			
	58 Ce	2	2	6	2	6	10	2	6	10	1	2	6	1		2			
	59 Pr	2	2	6	2	6	10	2	6	10	3	2	6			2			
	60 Nd	2	2	6	2	6	10	2	6	10	4	2	6			2			
	61 Pm	2	2	6	2	6	10	2	6	10	5	2	6			2			
	62 Sm	2	2	6	2	6	10	2	6	10	6	2	6			2			
	63 En	2	2	6	2	6	10	2	6	10	7	2	6			2			
	64 Gd	2	2	6	2	6	10	2	6	10	7	2	6	1		2			
	65 Tb	2	2	6	2	6	10	2	6	10	9	2	6			2			
	66 Dy*	2	2	6	2	6	10	2	6	10	10	2	6			2			
	67 Ho*	2	2	6	2	6	10	2	6	10	11	2	6			2			
	68 Er*	2	2	6	2	6	10	2	6	10	12	2	6			2			
	69 Tm	2	2	6	2	6	10	2	6	10	13	2	6			2			
	70 Yb	2	2	6	2	6	10	2	6	10	14	2	6			2			
	71 Lu	2	2	6	2	6	10	2	6	10	14	2	6	1		2			
	72 Hf	2	2	6	2	6	10	2	6	10	14	2	6	2		2			
	73 Ta	2	2	6	2	6	10	2	6	10	14	2	6	3		2			
	74 W	2	2	6	2	6	10	2	6	10	14	2	6	4		2			
	75 Re	2	2	6	2	6	10	2	6	10	14	2	6	5		2			
	76 Os	2	2	6	2	6	10	2	6	10	14	2	6	6		2			
	77 Ir	2	2	6	2	6	10	2	6	10	14	2	6	7		2			
	78 Pt	2	2	6	2	6	10	2	6	10	14	2	6	9		1			
	79 Au	2	2	6	2	6	10	2	6	10	14	2	6	10		1			
	80 Hg	2	2	6	2	6	10	2	6	10	14	2	6	10		2			
	81 Tl	2	2	6	2	6	10	2	6	10	14	2	6	10		2	1		
	82 Pb	2	2	6	2	6	10	2	6	10	14	2	6	10		2	2		
	83 Bi	2	2	6	2	6	10	2	6	10	14	2	6	10		2	3		
	84 Po	2	2	6	2	6	10	2	6	10	14	2	6	10		2	4		
	85 At	2	2	6	2	6	10	2	6	10	14	2	6	10		2	5		
	86 Rn	2	2	6	2	6	10	2	6	10	14	2	6	10		2	6		
7	87 Fr	2	2	6	2	6	10	2	6	10	14	2	6	10		2	6		1
	88 Ra	2	2	6	2	6	10	2	6	10	14	2	6	10		2	6		2
	89 Ac	2	2	6	2	6	10	2	6	10	14	2	6	10		2	6	1	2
	90 Th	2	2	6	2	6	10	2	6	10	14	2	6	10		2	6	2	2
	91 Pa*	2	2	6	2	6	10	2	6	10	14	2	6	10	3	2	6		2
	92 U	2	2	6	2	6	10	2	6	10	14	2	6	10	3	2	6	1	2
	93 Np*	2	2	6	2	6	10	2	6	10	14	2	6	10	4	2	6	1	2
	94 Pu*	2	2	6	2	6	10	2	6	10	14	2	6	10	5	2	6	1	2
	95 Am	2	2	6	2	6	10	2	6	10	14	2	6	10	7	2	6		2
	96 Cm*	2	2	6	2	6	10	2	6	10	14	2	6	10	7	2	6	1	2
	97 Bk*	2	2	6	2	6	10	2	6	10	14	2	6	10	8	2	6	1	2
	98 Cf	2	2	6	2	6	10	2	6	10	14	2	6	10	9	2	6	1	2
	99 Es*	2	2	6	2	6	10	2	6	10	14	2	6	10	10	2	6	1	2
	100 Fm*	2	2	6	2	6	10	2	6	10	14	2	6	10	11	2	6	1	2
	101 Md*	2	2	6	2	6	10	2	6	10	14	2	6	10	12	2	6	1	2
	102 No*	2	2	6	2	6	10	2	6	10	14	2	6	10	13	2	6	1	2
	103 Lr*	2	2	6	2	6	10	2	6	10	14	2	6	10	14	2	6	1	2

*電子配置に若干不確実さのある元素

付録 2　原子半径, r/pm[†]

Li	Be											B	C	N	O	F	
157	112											88	77	74	66	64	
Na	Mg											Al	Si	P	S	Cl	
191	160											143	118	110	104	99	
K	Ca	Sc	Ti	V	Cr	Mn	Fe	Co	Ni	Cu	Zn	Ga	Ge	As	Se	Br	
235	197	164	147	135	129	137	126	125	125	128	137	153	122	121	117	114	
Rb	Sr	Y	Zr	Nb	Mo	Tc	Ru	Rh	Pd	Ag	Cd	In	Sn	Sb	Te	I	
250	215	182	160	147	140	135	134	134	137	144	152	167	158	141	137	133	
Cs	Ba	Lu	Hf	Ta	W	Re	Os	Ir	Pt	Au	Hg	Tl	Pb	Bi			
272	224	172	159	147	141	137	135	136	139	144	155	171	175	182			

[†] 配位数 12 の場合の値.

付録 3　イオン半径, r/pm[†]

Li^+	Be^{2+}	B^{3+}	N^{3-}	O^{2-}	F^-
59 (4)	27 (4)	12 (4)	132	135 (2)	128 (2)
76 (6)				138 (4)	131 (4)
				140 (6)	133 (6)
				142 (8)	
Na^+	Mg^{2+}	Al^{3+}	P^{3-}	S^{2-}	Cl^-
99 (4)	49 (4)	39 (4)	212	184 (6)	167 (6)
102 (6)	72 (6)	53 (6)			
116 (8)	89 (8)				
K^+	Ca^{2+}	Ga^{3+}	As^{3-}	Se^{2-}	Br^-
138 (6)	100 (6)	62 (6)	222	198 (6)	196 (6)
151 (8)	112 (8)				
159 (10)	128 (10)				
160 (12)	135 (12)				
Rb^+	Sr^{2+}	In^{3+}　Sn^{2+}　Sn^{4+}		Te^{2-}	I^-
149 (6)	116 (6)	79 (6)　83 (6)　74 (6)		221 (6)	206 (6)
160 (8)	125 (8)	92 (8)　93 (8)			
173 (12)	144 (12)				
Cs^+	Ba^{2+}　Lu	Tl^+　Tl^{3+}			
167 (6)	149 (6)	164 (6)　88 (6)			
174 (8)	156 (8)				
188 (12)	175 (12)				

[†] (　) 内はイオンの配位数.

付録4 原子の第1イオン化エネルギー (kJ mol^{-1})

周期＼族	1	2	3	4	5	6	7	8	9	10	11	12	13	14	15	16	17	18
1	H 1312																	He 2373
2	Li 520	Be 899											B 801	C 1086	N 1402	O 1314	F 1681	Ne 2080
3	Na 495	Mg 738											Al 578	Si 786	P 1012	S 1000	Cl 1251	Ar 1521
4	K 419	Ca 590	Sc 631	Ti 658	V 650	Cr 653	Mn 718	Fe 759	Co 758	Ni 737	Cu 746	Zn 906	Ga 579	Ge 762	As 947	Se 941	Br 1140	Kr 1351
5	Rb 403	Sr 550	Y 616	Zr 660	Nb 664	Mo 685	Tc 702	Ru 711	Rh 720	Pd 805	Ag 731	Cd 867	In 559	Sn 708	Sb 834	Te 869	I 1008	Xe 1170
6	Cs 375	Ba 503	*	Hf 675	Ta 761	W 770	Re 760	Os 840	Ir 880	Pt 870	Au 891	Hg 1007	Tl 590	Pb 716	Bi 703	Po 812	At 915	Rn 1037
7	Fr 370	Ra 509	†															

*ランタノイド	La 538	Ce 528	Pr 523	Nd 530	Pm 536	Sm 543	Eu 547	Gd 591	Tb 564	Dy 572	Ho 581	Er 589	Tm 596	Yb 603	Lu 524
†アクチノイド	Ac 665	Th 670	Pa	U 590	Np	Pu 560	Am 580	Cm	Bk	Cf	Es	Fm	Md	No	Lr

付録5 原子の電子親和力 (kJ mol^{-1})

周期＼族	1	2	3	4	5	6	7	8	9	10	11	12	13	14	15	16	17
1	H 73																
2	Li 60	Be <0											B 27	C 123	N −7	O 141	F 328
3	Na 53	Mg <0											Al 44	Si 134	P 71	S 201	Cl 349
4	K 48	Ca <0	Sc <0	Ti 19	V 48	Cr 64	Mn <0	Fe 24	Co 68	Ni 111	Cu 119	Zn ~0	Ga 29	Ge 116	As 77	Se 195	Br 324
5	Rb 47	Sr <0	Y 0	Zr 48	Nb 96	Mo 96	Tc 68	Ru 106	Rh 116	Pd 58	Ag 125	Cd ~0	In 29	Sn 121	Sb 101	Te 190	I 295
6	Cs 45	Ba <0		Hf >0	Ta 58	W 58	Re 14	Os 106	Ir 154	Pt 206	Au 223	Hg <0	Tl 29	Pb 106	Bi 106	Po 183	At 270

付録6　Pauling の電気陰性度

周期\族	1	2	3	4	5	6	7	8	9	10	11	12	13	14	15	16	17
1	H 2.1																
2	Li 1.0	Be 1.5											B 2.0	C 2.5	N 3.0	O 3.5	F 4.0
3	Na 0.9	Mg 1.2											Al 1.5	Si 1.8	P 2.1	S 2.5	Cl 3.0
4	K 0.8	Ca 1.0	Sc 1.3	Ti 1.5	V 1.6	Cr 1.6	Mn 1.5	Fe 1.8	Co 1.8	Ni 1.8	Cu 1.9	Zn 1.6	Ga 1.6	Ge 1.8	As 2.0	Se 2.4	Br 2.8
5	Rb 0.8	Sr 1.0	Y 1.2	Zr 1.4	Nb 1.6	Mo 1.8	Tc 1.9	Ru 2.2	Rh 2.2	Pd 2.2	Ag 1.9	Cd 1.7	In 1.7	Sn 1.8	Sb 1.9	Te 2.1	I 2.5
6	Cs 0.7	Ba 0.9	*	Hf 1.3	Ta 1.5	W 1.7	Re 1.9	Os 2.2	Ir 2.2	Pt 2.2	Au 2.4	Hg 1.9	Tl 1.8	Pb 1.8	Bi 1.9	Po 2.0	At 2.2
7	Fr 0.7	Ra 0.9	†														

*ランタノイド	La 1.1	Ce 1.1	Pr 1.1	Nd 1.1	Pm	Sm 1.2	Eu	Gd 1.2	Tb	Dy 1.2	Ho 1.2	Er 1.2	Tm 1.3	Yb	Lu 1.3
†アクチノイド	Ac 1.1	Th 1.3	Pa 1.5	U 1.7	Np 1.3	Pu 1.3	Am 1.3	Cm 1.3	Bk 1.3	Cf 1.3	Es 1.3	Fm 1.3	Md 1.3	No 1.3	Lr

章末問題の解答

第1章

1. $\dfrac{22.99 \text{ g mol}^{-1}}{6.022 \times 10^{23} \text{ mol}^{-1}} = 3.818 \times 10^{-23} \text{ g}$

2. $\dfrac{6.72 \text{ dm}^3}{22.4 \text{ dm}^3 \text{ mol}^{-1}} \times (16.0 \text{ g mol}^{-1}) = 4.80 \text{ g}$

3. $(0.10 \text{ mol dm}^{-3}) \times (0.250 \text{ dm}^3) \times (249.7 \text{ g mol}^{-1}) = 6.2 \text{ g}$

4. $(0.100 \text{ mol dm}^{-3}) \times (0.500 \text{ dm}^3) \times (74.55 \text{ g mol}^{-1}) = 3.73 \text{ g}$

5. (a) $\dfrac{1360 \text{ g dm}^{-3}}{63.0 \text{ g mol}^{-1}} \times 0.600 = 13.0 \text{ mol dm}^{-3}$

    (b) 硝酸水溶液 1 kg 中に 600 g HNO_3 と 400 g H_2O が含まれているので，$n(HNO_3) = 9.52$ mol，$n(H_2O) = 22.2$ mol，

    $x(HNO_3) = \dfrac{9.52 \text{ mol}}{(9.52 \text{ mol}) + (22.2 \text{ mol})} = 0.300$

    (c) $m(HNO_3) = \dfrac{9.52 \text{ mol}}{0.400 \text{ kg}} = 23.8 \text{ mol kg}^{-1}$

6. $P = \dfrac{(0.50 \text{ mol}) \times (8.31 \text{ Pa m}^3 \text{ K}^{-1} \text{ mol}^{-1}) \times (300 \text{ K})}{1.0 \times 10^{-3} \text{ m}^3} = 1.2 \times 10^6 \text{ Pa}$

7. $n = \dfrac{(1.0 \times 10^5 \text{ Pa}) \times (10 \times 10^{-3} \text{ m}^3)}{(8.31 \text{ Pa m}^3 \text{ K}^{-1} \text{ mol}^{-1}) \times (300 \text{ K})} = 0.40 \text{ mol}$

第2章

1. (1) 単体　(2) 化合物　(3) 均一混合物　(4) 化合物　(5) 不均一混合物　(6) 化合物

2. (1) 原子番号が同じものを 2 つ選ぶ．すなわち，$^{55}_{26}X$ と $^{56}_{26}X$．
    (2) 原子番号が 26 なので鉄である．

3. (a) 陽子 14，中性子 15，電子 14　(b) 陽子 14，中性子 15，電子 10
    (c) 陽子 8，中性子 8，電子 10

4. (第 1 式)×2＋(第 2 式)×2＋(第 3 式) より
    $$4\,^1H \longrightarrow {}^4He + 2\,^0_1e + 2\gamma + 2\nu_e$$

5. (1) $^1H\,^1H$ (99.970%)，$^1H\,^2H$ (0.030%)，$^2H\,^2H$ (0.000%)
    (2) $^{12}C\,^{16}O\,^{16}O$ (98.416%)，$^{13}C\,^{16}O\,^{16}O$ (1.103%)，$^{12}C\,^{16}O\,^{18}O$ (0.403%)
    参考までに $^{12}C\,^{16}O\,^{17}O$ (0.073%)，$^{13}C\,^{16}O\,^{18}O$ (0.005%)，$^{13}C\,^{16}O\,^{17}O$ (0.001%)

第3章

1. (1) ド・ブロイ波長は 1.5×10^{-34} m．この波長は原子核の大きさ（10^{-15} m）よりさらに小さい値であり，事実上無視できる大きさである．したがって，野球のボールが波として振る舞うことは期待できない．
    (2) ド・ブロイ波長は 4.9×10^{-10} m．この波長は原子の大きさ（10^{-10} m）と同程度である．したがって，物理的に測定可能な長さであり，場合によっては回折現象などの波動性を観測できると期待される．

2. 静電引力の観点からは，電子は原子核にできるだけ近づいた方が安定であるが，あまりに原子核に近づいた状態になると電子の位置の不確定性（Δx）が小さくなる．これは不確定原理より Δp の増大をもたらし，この結果，原子核から離れて運動しようとする効果が大きくなる．したがって，電子は原子核と接触して結合（静止）した状態にはなり得ない．3.2.2 項の欄外[6]の記述も参考のこと．

3. 価電子の説明については 3.3.3 項の記述を参考のこと．(a) 1　(b) 4　(c) 8　(d) 7

4. 2s 軌道, 3p 軌道, 3d 軌道
5. 主量子数 n の殻中には, $2l+1$ 個の原子軌道が存在し, その l の値は 0 から $n-1$ までの値をとりうる. 等差数列の和の公式を上に適用すれば導くことができる.
6. (a) $C(1s)^2(2s)^2(2p)^2$　　　　　　(b) $F(1s)^2(2s)^2(2p)^5$
　　(c) $Si(1s)^2(2s)^2(2p)^6(3s)^2(3p)^2$　(d) $O(1s)^2(2s)^2(2p)^4$
　　(e) $O^{2-}(1s)^2(2s)^2(2p)^6$　　　　(f) $Ca^{2+}(1s)^2(2s)^2(2p)^6(3s)^2(3p)^6$
　　(g) $K^+(1s)^2(2s)^2(2p)^6(3s)^2(3p)^6$
7.

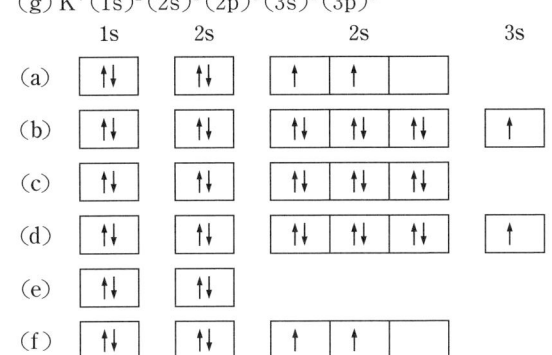

	1s	2s	2s	3s
(a)	↑↓	↑↓	↑	
(b)	↑↓	↑↓	↑↓ ↑↓ ↑↓	↑
(c)	↑↓	↑↓	↑↓ ↑↓ ↑↓	
(d)	↑↓	↑↓	↑↓ ↑↓ ↑↓	↑
(e)	↑↓	↑↓		
(f)	↑↓	↑↓	↑ ↑	

第 4 章

1. (a) B と F はいずれも第 2 周期元素である. 一般に同周期元素では, 原子番号の増大とともに原子核—価電子間の静電引力が大きくなるので, 原子半径は減少し, 一方, 第 1 イオン化エネルギーは増加する. したがって, 原子半径は B の方が大きく, 第 1 イオン化エネルギーは F の方が大きい.
　(b) Li と Rb はいずれもアルカリ金属である. 同族元素では, 原子番号の増大とともに, 価電子は主量子数のより大きな原子軌道を占有するので, 原子半径は増大し, 一方, 第 1 イオン化エネルギーは減少する. したがって, 原子半径は Rb の方が大きく, 第 1 イオン化エネルギーは Li の方が大きい.
2. 付加電子は, 酸素原子では 2p 軌道, 硫黄原子では 3p 軌道に入る. 2p 軌道は 3p 軌道よりも空間的により小さな軌道であるため, 電子間の反発が大きい. したがって, その反発の大きい分, 電子親和力は小さくなると考えられる.
3. ここでは, 第 2 と第 3 イオン化エネルギー間で 5 倍以上の大きな変化を示している. したがって, この元素は価電子を 2 個有する第 3 周期元素と予想される (価電子を 2 個失って安定な希ガス型電子配置となる). したがって, この元素は Mg である.
4. (a) K の第 1 イオン化エネルギーは 419 kJ mol^{-1}, Br の電子親和力は 325 kJ mol^{-1} である. したがって, この反応は, (419 kJ mol^{-1})−(325 kJ mol^{-1}) = 94 kJ mol^{-1} の吸熱反応である.
　(b) Cs の第 1 イオン化エネルギーは 375 kJ mol^{-1}, Cl の電子親和力は 349 kJ mol^{-1} である. したがって, この反応は, (375 kJ mol^{-1})−(349 kJ mol^{-1}) = 26 kJ mol^{-1} の吸熱反応である.
5. 表 4.5 より, 硫黄の電気陰性度 2.44, 原子半径は 104 pm であるから, Z^* は, 5.1 となる.

第 5 章

1. MgO は, 2 価のカチオンとアニオン (Mg^{2+} と O^{2-}) からなるイオン結晶である. したがって, NaCl と同じマーデルング定数を有していても, クーロンエネルギーは 4 倍となり, その結果, 大きなイオン結合, 高い融点を有する結晶を形成すると考えられる.
2. Cl_2 を構成する 2 つの Cl 原子間には電気陰性度の差はないので, 化学結合は共有結合である. また, Cl の電子配置は $(1s)^2(2s)^2(2p)^6(3s)^2(3p)^5$ であり, 価電子は 1 個の不対電子をもつ. したがって, Cl_2 分子内では, 共有電子対が 1 個の単結合からなる共有結合を形成している.
3. 原子間の電気陰性度の差が小さいほど極性は小さいから,

H-H < S-H < O-H となる．
4. NaCl が固体として存在するのは，5.1.2 項で述べたように，NaCl がイオン対分子として存在するよりも，3 次元的配列し固体を形成する方がエネルギー的に有利だからである．HCl は，電気陰性度の差が小さいので，分子内の結合は共有結合性的性格が強い．したがって，HCl は，NaCl のように 3 次元固体の形成によるクーロンエネルギーの安定化は期待できず，HCl 分子の状態でいる方がエネルギー的に有利であると予想される．
5. HF 分子間には水素結合による強い分子間力が働いているために沸点が高くなっている．

第 6 章

1. (a) 直線形　H—C≡N:　　(b) 四面体形

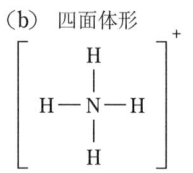

$$\left[\begin{array}{c} H \\ | \\ H-N-H \\ | \\ H \end{array}\right]^+$$

(c) 直線形　Ö=C=Ö　　(d) 直線形　H—Br:

2. (a) 三方両錐形　　(b) 直線形　　(c) 平面四角形

$[:Br—Br—Br:]^-$

3. (a) 折れ線形

$\left[\ddot{O}=\dot{N}-\ddot{O}:\right]^- \longleftrightarrow \left[:\ddot{O}-\dot{N}=\ddot{O}\right]^-$

(b) それぞれの N 原子に関して平面三角形

(c) 直線形

$\left[:\ddot{O}-C\equiv N:\right]^- \longleftrightarrow \left[\ddot{O}=O=\dot{N}\right]^- \longleftrightarrow \left[:O\equiv C=\ddot{N}:\right]^-$

4.

(a) 折れ線形，極性分子

(b) シーソー形，極性分子

　　注：中心の Se 原子は，1 つの孤立電子対と 4 つの結合電子対を有する．これら，5 つの高電子密度領域がとる構造は三方両錐形である．1 対の孤立電子対がエカトリアル位置を占め，これが支

点となったシーソー状の分子構造をとる.

$$:\!\ddot{F}\!-\!\underset{\underset{:\ddot{F}:}{\diagup}}{\overset{}{\mathrm{Se}}}\!\cdots\!\underset{:\ddot{F}:}{\ddot{F}}:$$

(c) T字形，極性分子

$$\underset{:\ddot{F}:}{\overset{:\ddot{F}:}{:\ddot{I}-\ddot{F}:}}$$

(d) 四角錐形，極性分子

注：中心のI原子は，1つの孤立電子対と5つの結合電子対を有する．これら，6つの高電子密度領域がとる構造は八面体形である．ただし，結合電子対間の反発が，孤立電子対–結合電子対間の反発よりも大きいため，八面体構造は歪む．その結果，四角錐状の分子構造をとる.

$$:\!\ddot{F}\!-\!\underset{\underset{:\ddot{F}:\ \ :\ddot{F}:}{\diagup\ \ \diagdown}}{\overset{:\ddot{F}:}{\mathrm{I}}}\!-\!\ddot{F}:$$

5. 未知元素 X は，7個の価電子を有する第3周期元素であるので，Cl（塩素）である．形状は，SO_3^{2-} の場合と同様に考えると（例題 6.2 参照）三方錐形であることがわかる．

第7章

1. (a) ヘキサアクアアルミニウム(III)イオン　　(b) ペンタクロロ銅(II)酸イオン
   (c) テトラアンミンモノオキサラトクロム(III)イオン
2. (a) ヘキサアンミンコバルト(II)塩化物　　(b) ヘキサクロロ白金(IV)酸カリウム
   (c) トリス(エチレンジアミン)ニッケル(II)硝酸塩
3. (a) $[FeCl_4]^-$　　(b) $[Ca(H_2O)_6]^{2+}$　　(c) $[Co(NCS)_4]^{2-}$
4. (a) cis, trans 異性体（オキサラト錯体）
   (b) cis, trans 異性体（Co錯体）

(c)

```
        Cl                          Cl
        |  Cl                       |  Cl
H₃N — Co —                 H₃N — Co — NH₃
        |  Cl                       |
     H₃N                         H₃N
        NH₃                         Cl
        cis                         trans
```

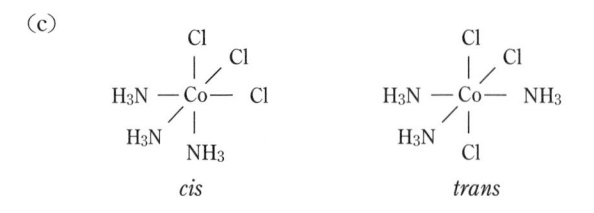

5. 弱い配位子場
6. ヘキサアンミンコバルト(III)
   配位子場の強さは $F^- <$ NH_3 であるから，アンミン錯体が低スピン錯体となる．

第 8 章

1. 74%．立方最密充填（ccp）格子中の個々の球の半径を r とすると，ccp 格子の一辺の長さは $\sqrt{8}\,r$ である．よって，ccp 格子の体積は $(\sqrt{8}\,r)^3$．ccp 格子中に 4 個の球が充填されており，球 1 個の体積は $\frac{4}{3}\pi r^3$ なので，球の充填率は $4\left(\frac{4}{3}\pi r^3\right)\!/(\sqrt{8}\,r)^3 = \left(\frac{16}{3}\pi\right)\!/(\sqrt{8})^3 = 0.74$．よって，充填率は 74% となる．

2. 体心立方格子 68%．体心立方格子中の個々の球の半径を r とすると，体心立方格子の一辺の長さは $4r/\sqrt{3}$ である．よって，体心立方格子の体積は $(4r/\sqrt{3})^3$．体心立方格子中に 2 個の球が充填されており，球 1 個の体積は $\frac{4}{3}\pi r^3$ なので，球の充填率は $2\left(\frac{4}{3}\pi r^3\right)\!/(4r/\sqrt{3})^3 = \sqrt{3}\,\pi/8 = 0.68$．よって，充填率は 68% となる．

   単純立方格子 52%．単純立方格子中の個々の球の半径を r とすると，単純立方格子の一辺の長さは $2r$ である．よって，単純立方格子の体積は $(2r)^3$．単純立方格子中に 1 個の球が充填されており，球 1 個の体積は $\frac{4}{3}\pi r^3$ なので，球の充填率は $\left(\frac{4}{3}\pi r^3\right)\!/(2r)^3 = \frac{1}{6}\pi = 0.52$．よって，充填率は 52% となる．

3. 10.6 g cm^{-3}
   章末問題 8.1 より，立方最密充填（ccp）格子の体積は，球の半径 r を用いて，$(\sqrt{8}\,r)^3$ と書ける．また，銀の原子量は 197.0 なので，銀イオン 1 個あたりの質量は，$107.9/N_A$ g（N_A はアボガドロ定数）である．よって，銀の密度 ρ は，$\rho = 4\times(107.9/N_A)/(\sqrt{8}\,r)^3$ g cm^{-3} と表せる．この式に，銀の半径 $r = 144$ pm $= 1.44\times10^{-8}$ cm，$N_A = 6.02\times10^{23}$ を代入すると，$\rho = 10.6$ g cm^{-3} となる（密度の実測値は室温で 10.49 g/cm^3）．

4. 空軌道の p 軌道と混成軌道を形成してバンドを形成するため，バンド内に空の準位ができ，金属的な電気伝導を示す．

5. 半導体の電気伝導は熱励起電子に由来する．温度の上昇とともに熱励起電子の数が増えるので，半導体の電気伝導度は温度の上昇とともに上昇する．

第 9 章

1. $Q_{\text{rev}} = nRT\ln\dfrac{V_2}{V_1} = (1.0\text{ mol})\times(8.31\text{ J K}^{-1}\text{ mol}^{-1})\times(298\text{ K})\ln\dfrac{10}{1.0} = 5.7$ kJ

2. $Q_p = \Delta H = C_p(T_2 - T_1) = (1.0\text{ mol})\times(20.8\text{ J K}^{-1}\text{ mol}^{-1})\times\{(373\text{ K})-(273\text{ K})\} = 2.1$ kJ

   $\Delta U = C_v(T_2 - T_1) = \dfrac{3}{2}R(T_2 - T_1) = (1.0\text{ mol})\times(12.5\text{ J K}^{-1}\text{ mol}^{-1})\times\{(373\text{ K})-(273\text{ K})\}$
   $= 1.3$ kJ

3. $W_{\text{rev}}\,(=-Q_{\text{rev}}) = -nRT\ln\dfrac{P_1}{P_2} = -(1.0\text{ mol})\times(8.31\text{ J K}^{-1}\text{ mol}^{-1})\times(298\text{ K})\ln\dfrac{2.0\times10^5}{1.0\times10^5}$
   $= -1.7$ kJ

$$\Delta U = Q + W = 0 \qquad \Delta H = \Delta U + \Delta(PV) = nR\Delta T = 0$$

4. $V_1 = \dfrac{(1.0\text{ mol})\times(8.31\text{ Pa m}^3\text{ K}^{-1}\text{ mol}^{-1})\times(200\text{ K})}{1.0\times10^5\text{ Pa}} = 1.7\times10^{-2}\text{ m}^3 = 17\text{ dm}^3$

   $T_1 V_1^{\frac{2}{3}} = T_2 V_2^{\frac{2}{3}} \qquad (200\text{ K})\times(17\text{ dm}^3)^{\frac{2}{3}} = (100\text{ K})\times V_2^{\frac{2}{3}} \qquad V_2 = 48\text{ dm}^3$

   $\Delta U = \dfrac{3}{2}R(T_2-T_1) = (12.5\text{ J K}^{-1}\text{ mol}^{-1})\times\{(100\text{ K})-(200\text{ K})\} = -1.25\text{ kJ}$

5. $PV = nRT$ より
   $(1.0\times10^5\text{ Pa})\times(10.0\times10^{-3}\text{ m}^3) = n\times(8.31\text{ Pa m}^3\text{ K}^{-1}\text{ mol}^{-1})\times(298\text{ K})$
   したがって, $n = 0.40$ mol だから,
   $W_{\text{rev}} = -nRT\ln\dfrac{P_1}{P_2} = -(0.40\text{ mol})\times(8.31\text{ J K}^{-1}\text{ mol}^{-1})\times(298\text{ K})\ln\dfrac{1.0\times10^5}{1.0\times10^6} = 2.3\text{ kJ}$
   $P_1 V_1 = P_2 V_2$ より
   $(1.0\times10^5\text{ Pa})\times(10.0\times10^{-3}\text{ m}^3) = (1.0\times10^6\text{ Pa})\times V_2$
   したがって, $V_2 = 1.0\times10^{-3}\text{ m}^3$ だから
   $W_{\text{irrev}} = -(1.0\times10^6\text{ Pa})\times\{(1.0\times10^{-3}\text{ m}^3)-(10.0\times10^{-3}\text{ m}^3)\} = 9.0\text{ kJ}$

6. 終わりの圧力 $P = \dfrac{(1.0\text{ mol})\times(8.31\text{ Pa m}^3\text{ K}^{-1}\text{ mol}^{-1})\times(300\text{ K})}{2.0\times10^{-3}\text{ m}^3} = 1.2\times10^6\text{ Pa}$
   終わりの圧力 $P = \dfrac{(1.0\text{ mol})\times(8.31\text{ Pa m}^3\text{ K}^{-1}\text{ mol}^{-1})\times(300\text{ K})}{5.0\times10^{-3}\text{ m}^3} = 5.0\times10^5\text{ Pa}$
   $W_{\text{irrev}} = -(1.2\times10^6\text{ Pa})\times\{(2.0\times10^{-3}\text{ m}^3)-(1.0\times10^{-3}\text{ m}^3)\}-(5.0\times10^5\text{ Pa})\times\{(5.0\times10^{-3}\text{ m}^3)-(2.0\times10^{-3}\text{ m}^3)\} = (-1200\text{ J})-(1500\text{ J}) = -2700\text{ J} = -2.7\text{ kJ}$

第 10 章

1. (a) $\Delta H^\circ = 2\times(33.2\text{ kJ mol}^{-1})-2\times(90.3\text{ kJ mol}^{-1}) = -114.2\text{ kJ mol}^{-1}$
   (b) $\Delta H^\circ = (-85.0\text{ kJ mol}^{-1})-(228.0\text{ kJ mol}^{-1}) = -313.0\text{ kJ mol}^{-1}$
   (c) $\Delta H^\circ = (-393.5\text{ kJ mol}^{-1})-(-110.5\text{ kJ mol}^{-1})-(-241.8\text{ kJ mol}^{-1}) = -41.2\text{ kJ mol}^{-1}$
   (d) $\Delta H^\circ = 2\times(-393.5\text{ kJ mol}^{-1})+3\times(-285.8\text{ kJ mol}^{-1})-(-85\text{ kJ mol}^{-1}) = -1559.4\text{ kJ mol}^{-1}$
   (e) $\Delta H^\circ = (-393.5\text{ kJ mol}^{-1})+2\times(-285.8\text{ kJ mol}^{-1})-(-74.7\text{ kJ mol}^{-1}) = -890.4\text{ kJ mol}^{-1}$

2. $\text{C}(\text{グラファイト})+\text{O}_2(\text{g}) = \text{CO}_2(\text{g}) \qquad \Delta H^\circ = -393.5\text{ kJ mol}^{-1}$ (1)
   $\text{H}_2(\text{g})+\dfrac{1}{2}\text{O}_2(\text{g}) = \text{H}_2\text{O}(l) \qquad \Delta H^\circ = -285.8\text{ kJ mol}^{-1}$ (2)
   $\text{CH}_4(\text{g})+2\,\text{O}_2(\text{g}) = \text{CO}_2(\text{g})+2\,\text{H}_2\text{O}(l) \qquad \Delta H^\circ = -890.4\text{ kJ mol}^{-1}$ (3)
   (1)+2×(2)−(3) より
   $\text{C}(\text{グラファイト})+2\,\text{H}_2(\text{g}) = \text{CH}_4(\text{g})$
   $\Delta_f H^\circ = (-393.5\text{ kJ mol}^{-1})+2\times(-285.8\text{ kJ mol}^{-1})-(-890.4\text{ kJ mol}^{-1}) = -74.7\text{ kJ mol}^{-1}$

3. $\dfrac{1}{2}\text{H}_2(\text{g}) \longrightarrow \text{H}(\text{g}) \qquad \Delta H^\circ = 217.9\text{ kJ mol}^{-1}$ (1)
   $\dfrac{1}{2}\text{F}_2(\text{g}) \longrightarrow \text{F}(\text{g}) \qquad \Delta H^\circ = 77.5\text{ kJ mol}^{-1}$ (2)
   $\dfrac{1}{2}\text{H}_2(\text{g})+\dfrac{1}{2}\text{F}_2(\text{g}) \to \text{HF}(\text{g}) \qquad \Delta H^\circ = -271\text{ kJ mol}^{-1}$ (3)
   (1)+(2)−(3) より
   $\text{HF}(\text{g}) \longrightarrow \text{H}(\text{g})+\text{F}(\text{g})$
   $\Delta H^\circ = (217.9\text{ kJ mol}^{-1})+(77.5\text{ kJ mol}^{-1})-(-271\text{ kJ mol}^{-1}) = 566\text{ kJ mol}^{-1}$

第 11 章

1. $S_{423} = S_{298}+C_p\ln\dfrac{423}{298} = (192.5\text{ J K}^{-1}\text{ mol}^{-1})+(35.9\text{ J K}^{-1}\text{ mol}^{-1})\ln\dfrac{423}{298}$
   $= 205.1\text{ J K}^{-1}\text{ mol}^{-1}$

2. $\Delta S = \dfrac{\Delta_{\text{vap}} H}{T_b} = \dfrac{23400 \text{ J mol}^{-1}}{239.7 \text{ K}} = 97.6 \text{ J K}^{-1} \text{ mol}^{-1}$

3. $\ln \dfrac{5.0 \times 10^4}{1.0 \times 10^5} = -\dfrac{40700 \text{ J mol}^{-1}}{8.31 \text{ J K}^{-1} \text{ mol}^{-1}} \left(\dfrac{1}{T_2} - \dfrac{1}{373 \text{ K}} \right)$ $T_2 = 354 \text{ K (81 ℃)}$

第 12 章

1. $\Delta n > 0$ だから，全圧が高いほど解離反応に不利である．

2. (a) $\Delta H^\circ = (-239.1 \text{ kJ mol}^{-1}) - (-110.5 \text{ kJ mol}^{-1}) = -128.6 \text{ kJ mol}^{-1}$
   $\Delta S^\circ = (127.2 \text{ J K}^{-1} \text{ mol}^{-1}) - (197.7 \text{ J K}^{-1} \text{ mol}^{-1}) - 2 \times (130.7 \text{ J K}^{-1} \text{ mol}^{-1})$
   $= -331.9 \text{ J K}^{-1} \text{ mol}^{-1}$
   $\Delta G^\circ = \Delta H^\circ - T \Delta S^\circ = (-128.6 \text{ kJ mol}^{-1}) - (298 \text{ K}) \times (-331.9 \text{ J K}^{-1} \text{ mol}^{-1})$
   $= -29.7 \text{ kJ mol}^{-1} < 0$

   (b) $\Delta H^\circ = 2 \times (90.3 \text{ kJ mol}^{-1}) = 180.6 \text{ kJ mol}^{-1}$
   $\Delta S^\circ = 2 \times (210.7 \text{ J K}^{-1} \text{ mol}^{-1}) - (191.6 \text{ J K}^{-1} \text{ mol}^{-1}) - (205.0 \text{ J K}^{-1} \text{ mol}^{-1})$
   $= 24.8 \text{ J K}^{-1} \text{ mol}^{-1}$
   $\Delta G^\circ = \Delta H^\circ - T \Delta S^\circ = 180.6 \text{ kJ mol}^{-1} - (298 \text{ K}) \times (24.8 \text{ J K}^{-1} \text{ mol}^{-1})$
   $= 173.2 \text{ kJ mol}^{-1} > 0$

   (c) $\Delta H^\circ = (-393.5 \text{ kJ mol}^{-1}) - (-110.5 \text{ kJ mol}^{-1}) = -283.0 \text{ kJ mol}^{-1}$
   $\Delta S^\circ = (213.7 \text{ J K}^{-1} \text{ mol}^{-1}) - (197.7 \text{ J K}^{-1} \text{ mol}^{-1}) - \dfrac{1}{2} \times (205.0 \text{ J K}^{-1} \text{ mol}^{-1})$
   $= -86.5 \text{ J K}^{-1} \text{ mol}^{-1}$
   $\Delta G^\circ = \Delta H^\circ - T \Delta S^\circ = (-283.0 \text{ kJ mol}^{-1}) - (298 \text{ K}) \times (-86.5 \text{ J K}^{-1} \text{ mol}^{-1})$
   $= -257.2 \text{ kJ mol}^{-1} < 0$

   (d) $\Delta H^\circ = 2 \times (-393.5 \text{ kJ mol}^{-1}) + 3 \times (-285.8 \text{ kJ mol}^{-1}) - (-85.0 \text{ kJ mol}^{-1})$
   $= -1559.4 \text{ kJ mol}^{-1}$
   $\Delta S^\circ = 2 \times (213.7 \text{ J K}^{-1} \text{ mol}^{-1}) + 3 \times (69.9 \text{ J K}^{-1} \text{ mol}^{-1}) - (229.5 \text{ J K}^{-1} \text{ mol}^{-1}) - \dfrac{7}{2} \times (205.0 \text{ J K}^{-1} \text{ mol}^{-1})$
   $= -309.9 \text{ J K}^{-1} \text{ mol}^{-1}$
   $\Delta G^\circ = \Delta H^\circ - T \Delta S^\circ = (-1559.4 \text{ kJ mol}^{-1}) - (298 \text{ K}) \times (-309.9 \text{ J K}^{-1} \text{ mol}^{-1})$
   $= -1467.0 \text{ kJ mol}^{-1} < 0$

3. $\Delta H^\circ = (33.2 \text{ kJ mol}^{-1}) - (90.3 \text{ kJ mol}^{-1}) = -57.1 \text{ kJ mol}^{-1}$
   $\Delta S^\circ = (240.5 \text{ J K}^{-1} \text{ mol}^{-1}) - (210.7 \text{ J K}^{-1} \text{ mol}^{-1}) - \dfrac{1}{2} \times (205.0 \text{ J K}^{-1} \text{ mol}^{-1})$
   $= -72.7 \text{ J K}^{-1} \text{ mol}^{-1}$
   $\Delta G^\circ = (-57.1 \text{ kJ mol}^{-1}) - (298 \text{ K}) \times (-72.7 \text{ J K}^{-1} \text{ mol}^{-1})$
   $= -35400 \text{ J mol}^{-1}$
   $\ln K_p = -\dfrac{\Delta G^\circ}{RT} = -\dfrac{-35400 \text{ J mol}^{-1}}{(8.31 \text{ J K}^{-1} \text{ mol}^{-1}) \times (298 \text{ K})}$
   $K = 1.62 \times 10^5$

4. $K_c = \dfrac{[\text{HI}]^2}{[\text{H}_2][\text{I}_2]} = \dfrac{4x^2}{(3.0-x)(1.0-x)} = 4.8 \times 10^{-3} \text{ M}^{-1}$
   $x = 0.058 \text{ M}$
   $[\text{HI}] = 2x = 0.12 \text{ M}$

5. $\ln \dfrac{4.52 \times 10^{-3}}{1.23 \times 10^{-8}} = -\dfrac{\Delta H}{8.31 \text{ J K}^{-1} \text{ mol}^{-1}} \left(\dfrac{1}{800 \text{ K}} - \dfrac{1}{500 \text{ K}} \right)$
   $\Delta H = 142 \text{ kJ mol}^{-1}$

6. 直線の傾き $-\Delta H / R = -2.1 \times 10^4 \text{ K}$ だから，
   $\Delta H = -(8.31 \text{ J K}^{-1} \text{ mol}^{-1}) \times (-2.1 \times 10^4 \text{ K}) = 1.7 \times 10^5 \text{ J mol}^{-1}$

第 13 章

1. $C_{HA}\alpha^2 + K_a\alpha - K_a = 0$ より
   $0.050\alpha^2 + 1.8\times10^{-4}\alpha - 1.8\times10^{-4} = 0$ $\alpha = 5.8\times10^{-2}$
   $[H^+] = 0.050\,M \times (5.8\times10^{-2}) = 2.9\times10^{-3}\,M$ pH $= 2.54$

2. $[H^+]^2 + K_a[H^+] - K_a C_{HA} = 0$ より
   $[H^+]^2 + 1.4\times10^{-3}[H^+] - (1.4\times10^{-3})\times 0.10 = 0$
   $[H^+] = 1.1\times10^{-2}\,M = [ClH_2COO^-]$
   $[ClH_2COOH] = (0.10\,M) - (1.1\times10^{-2}\,M) = 8.9\times10^{-2}\,M$

3. $[OH^-]^2 + 1.8\times10^{-5}[OH^-] - 1.8\times10^{-7} = 0$
   $[OH^-] = 4.2\times10^{-4}\,M = [NH_4^+]$
   $[NH_3] = (0.010\,M) - (4.2\times10^{-4}\,M) = 9.6\times10^{-3}\,M$

4. $[OH^-]^2 + 3.7\times10^{-4}[OH^-] - 3.7\times10^{-5} = 0$ $[OH^-] = 5.9\times10^{-3}\,M$
   $[H^+] = \dfrac{K_w}{[OH^-]} = \dfrac{1.0\times10^{-14}\,M^2}{5.9\times10^{-3}\,M} = 1.7\times10^{-12}\,M$ pH $= 11.77$

5. pH $= \dfrac{1}{2}(pK_a(HA) + \log C_s + 14.00) = \dfrac{1}{2}(3.74 - 2.00 + 14.00) = 7.87$

6. $[H^+]^2 + K_{a1}[H^+] - K_{a1}C_A = 0$ より
   $[H^+]^2 + 7.5\times10^{-3}[H^+] - 3.75\times10^{-4} = 0$ $[H^+] = 1.6\times10^{-2}\,M = [H_2PO_4^-]$
   $[H_3PO_4] = (0.050\,M) - (1.6\times10^{-2}\,M) = 3.4\times10^{-2}\,M$
   $K_{a2} = \dfrac{[H^+][HPO_4^{2-}]}{[H_2PO_4^-]}$ $[H^+] = [H_2PO_4^-]$ だから $[HPO_4^{2-}] = K_{a2} = 6.2\times10^{-8}\,M$
   $K_{a3} = \dfrac{[H^+][PO_4^{3-}]}{[HPO_4^{2-}]} = 2.1\times10^{-13}\,M$ より
   $[PO_4^{3-}] = \dfrac{K_{a3}[HPO_4^{2-}]}{[H^+]} = \dfrac{2.1\times10^{-13} \times 6.2\times10^{-8}}{1.6\times10^{-2}} = 8.1\times10^{-19}\,M$

7. $C(CH_3COOH) = \dfrac{(0.10\,M)\times(50\,cm^3) - (0.05\,M)\times(50\,cm^3)}{100\,cm^3}$
   $= 2.5\times10^{-2}\,M = C(CH_3COO^-)$
   pH $= pK_a(HA) + \log\dfrac{C(A^-)}{C(HA)} = 4.74$

8. $C(NH_3) = \dfrac{(0.10\,M)\times(50\,cm^3)}{100\,cm^3} = 5.0\times10^{-2}\,M$
   $C(NH_4^+) = \dfrac{(0.050\,M)\times(50\,cm^3)}{100\,cm^3} = 2.5\times10^{-2}\,M$
   pH $= pK_w - pK_b(NH_3) + \log\dfrac{C(NH_3)}{C(NH_4^+)} = 14.00 - 4.74 + \log\dfrac{5.0\times10^{-2}}{2.5\times10^{-2}} = 9.56$

第 14 章

1. (a) $2\,Ag^+ + Cu \rightleftharpoons 2\,Ag + Cu^{2+}$
   (b) $\Delta E_C = E_{Ag}° - E_{Cu}° - \dfrac{0.059}{2}\log\dfrac{[Cu^{2+}]}{[Ag^+]^2} = (0.80\,V) - (0.34\,V) - \dfrac{0.059\,V}{2}\log\dfrac{0.010}{(0.10)^2}$
   $= 0.46\,V$
   (c) $\log K = \dfrac{n\,\Delta E_C°}{0.059} = \dfrac{2\times(0.46\,V)}{0.059\,V}$ $K = 3.9\times10^{15}\,M^{-1}$

2. (a) $Zn + 2\,Fe^{3+} \rightleftharpoons Zn^{2+} + 2\,Fe^{2+}$
   (b) $\Delta E_C = \Delta E_{Fe}° - \Delta E_{Zn}° - \dfrac{0.059}{2}\log\dfrac{[Zn^{2+}][Fe^{2+}]^2}{[Fe^{3+}]^2}$
   $= (0.77\,V) - (-0.76\,V) - \dfrac{0.059\,V}{2}\log\dfrac{(0.010)\times(0.10)^2}{(0.050)^2} = 1.57\,V$

(c) $\log K = \dfrac{n\Delta E_C^\circ}{0.059} = \dfrac{2\times(1.53\text{V})}{0.059\text{ V}}$ $K = 7.3\times 10^{51}$ M

3. (a) (1) $Fe^{3+}+e^- = Fe^{2+}$ の $E^\circ = 0.77$ V $\Delta G^\circ = -74.3$ kJ mol^{-1}
   (2) $Fe^{2+}+2\,e^- = Fe$ の $E^\circ = -0.45$ V $\Delta G^\circ = 86.9$ kJ mol^{-1}
   (1)+(2) より $Fe^{3+}+3\,e^- = Fe$
   $\Delta G^\circ = (-74.3\text{ kJ mol}^{-1})+(86.9\text{ kJ mol}^{-1}) = 12.6$ kJ
   $E^\circ = -\dfrac{\Delta G^\circ}{nF} = -\dfrac{12600\text{ J mol}^{-1}}{3\times(96500\text{ C mol}^{-1})} = -0.04$ V

   (b) (1)×2−(2) より
   $\Delta G^\circ = 2\times(-74.3\text{ kJ mol}^{-1})-(86.9\text{ kJ mol}^{-1}) = -235.5$ kJ mol^{-1} < 0
   したがって，自発的に進む

4. (a) E°/V ΔG°/kJ mol^{-1}
   (1) $Ni^{2+}+2\,e^- = Ni$ −0.26   50.2
   (2) $Zn^{2+}+2\,e^- = Zn$ −0.76   146.7
   (1)式−(2)式より
   $Ni^{2+}+Zn \rightleftharpoons Ni+Zn^{2+}$
   だから，標準反応ギブズエネルギーは
   $\Delta G^\circ = \Delta G^\circ(1)-\Delta G^\circ(2) = -96.5$ kJ mol^{-1}
   $\ln K = -\dfrac{\Delta G^\circ}{RT}$ より $K = 8.4\times 10^{16}$

   (b) E°/V ΔG°/kJ mol^{-1}
   (1) $Fe^{3+}+e^- = Fe^{2+}$ 0.77   −74.3
   (2) $Pb^{2+}+2\,e^- = Pb$ −0.13   25.1
   2×(1)式−(2)式より
   $2\,Fe^{3+}+Pb \rightleftharpoons 2\,Fe^{2+}+Pb^{2+}$
   だから，標準反応ギブズエネルギーは
   $\Delta G^\circ = 2\times\Delta G^\circ(1)-\Delta G^\circ(2) = -173.7$ kJ mol^{-1}
   $\ln K = -\dfrac{\Delta G^\circ}{RT}$ より $K = 2.9\times 10^{30}$

   (c) E°/V ΔG°/kJ mol^{-1}
   (1) $Ce^{4+}+e^- = Ce^{3+}$ 1.72   −166.0
   (2) $Cu^{2+}+e^- = Cu^+$ −0.13   −14.5
   (2)式−(1)式より
   $Cu^{2+}+Ce^{3+} \rightleftharpoons Cu^++Ce^{4+}$
   だから，標準反応ギブズエネルギーは
   $\Delta G^\circ = \Delta G^\circ(2)-\Delta G^\circ(1) = 151.5$ kJ mol^{-1} 正反応は進まない．

第 15 章

1. $\ln\dfrac{[A]_0}{[A]} = kt$ より $t = \dfrac{\ln\dfrac{[A]_0}{[A]}}{k}$ したがって，$\dfrac{t_2}{t_1} = \dfrac{\ln\dfrac{[A]_0}{1.0\times 10^{-3}\,[A]_0}}{\ln\dfrac{[A]_0}{0.50\,[A]_0}} = 10$ 倍

2. $\ln\dfrac{[A]_0}{0.30\,[A]_0} = k\times(30\text{ min})$ $k = 0.040$ min^{-1}

   $\ln\dfrac{[A]_0}{[A]} = kt = (0.040\text{ min}^{-1})\times(60\text{ min}) = 2.4$

   $\dfrac{[A]_0}{[A]} = 11.0$ だから，$\dfrac{[A]}{[A]_0}\times 100 = 9.1\%$

3. $t_{1/2} = \dfrac{1}{k[A]_0} = \dfrac{1}{(5.0 \times 10^{-2}\,\text{M}^{-1}\,\text{min}^{-1}) \times (1.0\,\text{M})} = 20\,\text{min}$

4. $\ln \dfrac{5.5 \times 10^{-2}}{2.2 \times 10^{-2}} = -\dfrac{E_a}{8.31\,\text{J K}^{-1}\,\text{mol}^{-1}} \left(\dfrac{1}{293\,\text{K}} - \dfrac{1}{283\,\text{K}} \right) \qquad E_a = 63\,\text{kJ mol}^{-1}$

5. $\lambda = \dfrac{\ln 2}{t_{1/2}} = \dfrac{0.693}{5730\,\text{y}} = 1.21 \times 10^{-4}\,\text{y}^{-1}$

   $t = \dfrac{\ln \dfrac{[A]_0}{[A]}}{\lambda} = \dfrac{\ln 10}{1.21 \times 10^{-4}\,\text{y}^{-1}} = 1.9 \times 10^4\,\text{y}$

索　引

あ 行

圧平衡定数	102
アニオン	29, 108
アモルファス	13
アレニウスの式	132
イオン化異性体	58
イオン化エネルギー	31
イオン化傾向	125
イオン結合	36
イオン結晶	38
イオン積	110
イオン半径	29
異性体	11
1次反応	128
ウルツ鉱型構造	69
液体	12
sp混成軌道	47
エネルギーバンド	70
エネルギー保存の法則	75
塩化セシウム型構造	66
塩化ナトリウム型構造	66
塩基解離定数	109
エンタルピー	76
エントロピー	91
エントロピー増大の原理	92
オクテット則	45

か 行

外界	73
壊変（崩壊）定数	130
開放系	73
解離圧	107
化学結合	11
化学反応	9
化学反応式	9
化学平衡	101
化学ポテンシャル	101
化学量論係数	9
可逆過程	74
殻	21
化合物	10
加水分解	113
カチオン	29, 108
活性化エネルギー	132
活量	6
活量係数	6
価電子	26
価電子殻	26
価電子帯	71
ガルバニ電池	119
岩塩型構造	66
間隙	64
還元	119
緩衝液	115
緩衝作用	115
気体	12
気体定数	6
基底状態	23
軌道角運動量量子数	21
軌道近似法	24
ギブズエネルギー	96
基本物理量	1
逆蛍石型構造	67
吸熱反応	81
強塩基	108
強酸	108
鏡像異性体	57
共通イオン効果	112
共鳴	46
共鳴混成体	47
共有結合	28, 40
共有結合半径	28
極性	43
キラル	57
キルヒホッフ式	86
キレート	56
均一混合物	10
均化反応	126
金属	62, 69
金属結合	62
組立物理量	2
クラウジウス−クラペイロン式	98
系	73
結合異性体	58
結合エンタルピー	87
結合性軌道	42
結晶	12
結晶場理論	59
原子	11
原子核	13
原子価結合理論	40
原子軌道	21
原子軌道の線形結合近似	41
原子半径	28
原子番号	14
元素	13
元素記号	13
国際単位系	1
固体	12
孤立系	73
孤立電子対	45
混合物	3, 10
混成	47

さ 行

最密充填構造	62
錯イオン	54
錯体	54
酸化	119
酸解離定数	109
酸化還元反応	119
3重結合	45
ジアステレオマー	57
磁気量子数	21
σ（シグマ）結合	41
自然対数	77
質量作用の法則	102
質量数	14
質量パーセント濃度	5
質量モル濃度	4
四面体間隙	64
四面体錯体	57
弱塩基	108
弱酸	108
周期	17
周期表	13, 17
主量子数	21
純物質	3, 10
状態量	75
蒸発	93
触媒	132
侵入型固溶体	64
水素結合	44, 99
水平化効果	111
スピン磁気量子数	24
絶縁体	62, 69
節面	24
閃亜鉛鉱型構造	67
潜熱	93
双極子モーメント	52
族	17
速度定数	128
素反応	129

た 行

対イオン	54
体心立方	65
多形	67, 83
多座配位子	55
多電子原子	24
単結合	45
単原子分子	11
単座配位子	55
単純反応	129
単純立方構造	65
単体	10
中性子	14
転移	83
転移点	83
電気陰性度	33
電子	13
電子雲	21
電子親和力	32
電子配置	24
伝導帯	71
電離度	111
同位体	15
同族体	17
ドルトンの分圧の法則	7

な 行

内部エネルギー	74
二座配位子	55
2次反応	128
2重結合	45
熱力学第1法則	75
熱力学第2法則	92
熱力学第3法則	94
ネルンスト式	123
濃度平衡定数	103

は 行

配位異性体	58
配位化合物	54
配位結合	54
配位子	54
配位子場分裂パラメーター	60
配位子場理論	61
配位数	30
π（パイ）結合	41
パウリの排他原理	25
八面体	60
八面体間隙	64
八面体錯体	58
発熱反応	81
波動関数	21
反結合性軌道	43
半減期	130
半電池	119
半導体	72
バンドギャップ	71
反応エンタルピー	81
反応ギブズエネルギー	101
反応次数	128
反応熱	81
ヒ化ニッケル型構造	67
非共有電子対	45
非局在化	47
非晶質	13
ビッグバン	15
標準エントロピー	94
標準化学ポテンシャル	101
標準蒸発エンタルピー	93
標準水素電極	121
標準生成エンタルピー	83
標準電極電位	120
標準燃焼エンタルピー	83

標準反応エンタルピー	85	沸点	94	ま 行		ら 行	
標準反応エントロピー	95	プランク定数	20	マーデルング定数	39	理想気体	6
標準反応ギブズエネルギー	102	ブレンステッド	108	マイヤーの式	77	理想気体の状態方程式	6
標準融解エンタルピー	93	分圧	7	無機化合物	11	律速段階	129
頻度因子	132	分子	11	面心立方格子	64	立方最密充填	64
ファンデルワールスの状態方程式	8	分子軌道	41	モル	3	両座異性体	58
ファンデルワールス半径	28	分子軌道理論	41	モル熱容量	76	両座配位子	56
ファントホフの式	105	分子結晶	13	モル濃度	3	量子	20
不可逆過程	74	分子構造	11	モル分率	4	量子数	21
不確定性原理	20	分子性結晶	12	モル分率平衡定数	104	量子力学	20
不均一混合物	10	フントの規則	25	や 行		ルイス	108
不均化反応	126	閉鎖系	73	融解	93	ルイス構造	45
複合反応	129	並進運動	6	有機化合物	10	ルシャトリエの原理	104
不対電子	45	平面四角形錯体	57	融点	93	ルチル型構造	68
副殻	22	ヘスの法則	82	溶液	3	励起状態	23
物質	10	ヘンダーソン式	116	陽子	14	ローリー	108
物質量	3	方位量子数	21	溶質	3	六方最密格子	64
物体	10	ボーア半径	23	溶媒	3	六方最密充填	64
		蛍石	67				
		蛍石型構造	67				
		ポワッソンの式	79				

姫野 貞之 　神戸大学名誉教授　理学博士
内野 隆司 　神戸大学大学院理学研究科教授　博士（工学）

理系学生の 基礎化学

2011年10月31日　　第1版　第1刷　発行
2023年 3月20日　　第1版　第7刷　発行

　著　者　　姫野 貞之
　　　　　　内野 隆司
　発行者　　発田 和子
　発行所　　株式会社 学術図書出版社
　　　　　〒113-0033　東京都文京区本郷 5-4-6
　　　　　TEL 03-3811-0889　振替 00110-4-28454
　　　　　　　　　印刷　三和印刷（株）

定価はカバーに表示してあります．

本書の一部または全部を無断で複写（コピー）・複製・転載することは，著作権法で認められた場合を除き，著作者および出版社の権利の侵害となります．あらかじめ，小社に許諾を求めてください．

©2011　S. HIMENO, T. UCHINO Printed in Japan
ISBN978-4-7806-0261-6　C3043

4桁の原子量表（2010）

（元素の原子量は，質量数12の炭素（^{12}C）を12とし，これに対する相対値とする．）

　本表は，実用上の便宜を考えて，国際純正・応用化学連合（IUPAC）で承認された最新の原子量をもとに，日本化学会原子量委員会が作成したものである．本来，同位体存在度の不確定さは，自然に，あるいは人為的に起こりうる変動や実験誤差のために，元素ごとに異なる．従って，個々の原子量の値は，正確度が保証された有効数字の桁数が大きく異なる．本表の原子量を引用する際には，このことに注意を喚起することが望ましい．

　なお，本表の原子量の信頼性は有効数字の4桁目で±1以内であるが，例外として，*を付したものは±2，†を付したものは±3である．また，安定同位体がなく，天然で特定の同位体組成を示さない元素については，その元素の放射性同位体の質量数の一例を（　）内に示した．従って，その値を原子量として扱うことは出来ない．

原子番号	元素名	元素記号	原子量	原子番号	元素名	元素記号	原子量
1	水素	H	1.008	23	バナジウム	V	50.94
2	ヘリウム	He	4.003	24	クロム	Cr	52.00
3	リチウム	Li	[6.941*]‡	25	マンガン	Mn	54.94
4	ベリリウム	Be	9.012	26	鉄	Fe	55.85
5	ホウ素	B	10.81	27	コバルト	Co	58.93
6	炭素	C	12.01	28	ニッケル	Ni	58.69
7	窒素	N	14.01	29	銅	Cu	63.55
8	酸素	O	16.00	30	亜鉛	Zn	65.38*
9	フッ素	F	19.00	31	ガリウム	Ga	69.72
10	ネオン	Ne	20.18	32	ゲルマニウム	Ge	72.64
11	ナトリウム	Na	22.99	33	ヒ素	As	74.92
12	マグネシウム	Mg	24.31	34	セレン	Se	78.96†
13	アルミニウム	Al	26.98	35	臭素	Br	79.90
14	ケイ素	Si	28.09	36	クリプトン	Kr	83.80
15	リン	P	30.97	37	ルビジウム	Rb	85.47
16	硫黄	S	32.07	38	ストロンチウム	Sr	87.62
17	塩素	Cl	35.45	39	イットリウム	Y	88.91
18	アルゴン	Ar	39.95	40	ジルコニウム	Zr	91.22
19	カリウム	K	39.10	41	ニオブ	Nb	92.91
20	カルシウム	Ca	40.08	42	モリブデン	Mo	95.96*
21	スカンジウム	Sc	44.96	43	テクネチウム	Tc	（99）
22	チタン	Ti	47.87	44	ルテニウム	Ru	101.1